建设工程识图高手训练营系列丛书

水 暖 施 工 图 识 读

本书编委会　编

中国建筑工业出版社

图书在版编目（CIP）数据

水暖施工图识读/本书编委会编. —北京：中国建筑
工业出版社，2015.9
（建设工程识图高手训练营系列丛书）
ISBN 978-7-112-18170-4

Ⅰ.①水… Ⅱ.①本… Ⅲ.①给排水系统-建筑安
装-工程施工-工程制图-识别②采暖设备-建筑安装-工
程施工-工程制图-识别 Ⅳ.①TU74

中国版本图书馆 CIP 数据核字（2015）第 122866 号

本书结合施工图识读实例，详细介绍了水暖施工图识读的思路、方法和技巧，全书共分为 4 章，内容主要包括：水暖工程制图基础、识读给水排水施工图、识读供暖工程施工图、某住宅小区设备工程施工图实例解析等。

本书可供从事水暖工程设计工作人员、施工技术人员使用，也可供各高校建筑专业师生参考使用。

责任编辑：岳建光　张　磊
责任设计：董建平
责任校对：李美娜　赵　颖

建设工程识图高手训练营系列丛书
水暖施工图识读
本书编委会　编

*

中国建筑工业出版社出版、发行（北京西郊百万庄）
各地新华书店、建筑书店经销
北京科地亚盟排版公司制版
北京同文印刷有限责任公司印刷

*

开本：787×1092毫米　横 1/16　印张：11½　字数：324 千字
2015 年 8 月第一版　　2015 年 8 月第一次印刷
定价：**28.00**元
ISBN 978-7-112-18170-4
（27395）

本书编委会

主　编：张俊新

编　委：马艳敏　　王春乐　　刘海锋　　杨　波

　　　　李　丹　　张　彤　　张　健　　房建兵

　　　　赵　蕾　　韩　旭　　程　惠　　雷　杰

　　　　翟景琛

前　言

随着社会发展与科技进步，城市建筑越来越多。水暖工程是建筑施工的重要组成部分，虽然在整个建筑工程安装中所占的比重不大，却直接影响着工程的进度和质量，其质量的好坏与建筑物的使用功能、使用寿命以及百姓的生活息息相关。图纸是水暖工程施工的向导，是确保施工质量的基础。施工图会审是一项极为细致的技术工作，其综合性很强。要审核好图纸，除了审图者认真看图外，还与审图者自身素质有关。因此，我们组织编写了本书。

本书依据最新国家制图标准进行编写，内容简明实用，重点突出，结合大量具有代表性的工程施工图实例，注重工程实践，侧重实际工程图的识读，便于读者结合实际，系统地掌握相关知识。

由于编者水平有限，书中难免有不当和错误之处，敬请广大读者提出宝贵意见。

目　录

1 水暖工程制图基础 ·· 1
　　1.1 给水排水工程制图基础 ··· 1
　　1.2 暖通空调工程制图基础 ··· 1
2 识读给水排水施工图 ··· 16
　　2.1 识读室内给水排水工程施工图 ·· 27
　　2.2 识读室外给水排水工程施工图 ·· 27
　　2.3 识读建筑消防给水系统施工图 ·· 55
　　2.4 识读室内热水供应系统施工图 ·· 94
　　2.5 识读卫生器具安装施工图 ··· 108
3 识读供暖工程施工图 ·· 121
　　3.1 识读室内供暖工程施工图 ··· 142
　　3.2 识读室外供热工程施工图 ··· 142
4 某住宅小区设备工程施工图实例解析 ·· 162
参考文献 ··· 168
　　　　　　　　　　　　　　　　　　　　　　　　　　　　　　　　　　178

1 水暖工程制图基础

1.1 给水排水工程制图基础

1.1.1 基本规定

1. 图线

（1）图线的宽度 b，应根据图纸的类型、比例大小等复杂程度，按照现行国家标准《房屋建筑制图统一标准》GB/T 50001—2010 中的规定选用。线宽 b 宜为 0.7mm 或 1.0mm。

（2）建筑给水排水专业制图，常用的各种线型宜符合表 1-1 的规定。

线型

表 1-1

名称	线型	线宽	用途
粗实线		b	新设计的各种排水和其他重力流管线
粗虚线		b	新设计的各种排水和其他重力流管线的不可见轮廓线
中粗实线		$0.7b$	新设计的各种给水和其他压力流管线；原有的各种排水和其他重力流管线
中粗虚线		$0.7b$	新设计的各种给水和其他压力流管线及原有的各种排水和其他重力流管线的不可见轮廓线
中实线		$0.5b$	给水排水设备、零（附）件的可见轮廓线；总图中新建的建筑物和构筑物的可见轮廓线；原有的各种给水和其他压力流管线
中虚线		$0.5b$	给水排水设备、零（附）件的不可见轮廓线；总图中新建的建筑物和构筑物的不可见轮廓线；原有的各种给水和其他压力流管线的不可见轮廓线
细实线		$0.25b$	建筑的可见轮廓线；总图中原有的建筑物和构筑物的可见轮廓线；制图中的各种标注线
细虚线		$0.25b$	建筑的不可见轮廓线；总图中原有的建筑物和构筑物的不可见轮廓线
单点长画线		$0.25b$	中心线、定位轴线
折断线		$0.25b$	断开界线
波浪线		$0.25b$	平面图中水面线；局部构造层次范围线；保温范围示意线

2. 比例

（1）建筑给水排水专业制图常用的比例，宜符合表 1-2 的规定。

常用比例

表 1-2

名称	比例	备注
区域规划图、区域位置图	1∶5000、1∶25000、1∶10000、1∶5000、1∶2000	宜与总图专业一致
总平面图	1∶1000、1∶500、1∶300	宜与总图专业一致
管道纵断面图	竖向 1∶200、1∶100、1∶50 纵向 1∶1000、1∶500、1∶300	—
水处理厂（站）平面图	1∶500、1∶200、1∶100	—
水处理构筑物、设备间、卫生间，泵房平、剖面图	1∶100、1∶50、1∶40、1∶30	—
建筑给水排水平面图	1∶200、1∶150、1∶100	宜与建筑专业一致
建筑给水排水轴测图	1∶150、1∶100、1∶50	宜与相应图纸一致
详图	1∶50、1∶30、1∶20、1∶10、1∶5、1∶2、1∶1、2∶1	—

（2）在管道纵断面图中，竖向与纵向可采用不同的组合比例。

（3）在建筑给水排水轴测系统图中，当局部表达有困难时，该处可以不用按照比例绘制。

（4）水处理工艺流程断面图和建筑给水排水管道展开系统图可以不用按照比例绘制。

3. 标高

（1）标高符号以及一般标注方法应符合现行国家标准《房屋建筑制图统一标准》GB/T 50001—2010 的规定。

（2）室内工程应标注相对标高；室外工程宜标注绝对标高，当无绝对标高资料时，可标注相对标高，但应与总图专业一致。

（3）压力管道应标注管中心标高；重力流管道和沟渠宜标注管（沟）内底标高。标高单位以 m 计时，可注写到小数点后第二位。

（4）在下列部位应标注标高：

1）沟渠和重力流管道：

① 建筑物内应标注起点、变径（尺寸）点、变坡点、穿外墙及剪力墙处。

② 需控制标高处。

2）压力流管道中的标高控制点。

3）管道穿外墙、剪力墙和构筑物的壁以及底板等处。

4）不同水位线处。

5）建（构）筑物中土建部分的相关标高。

（5）标高的标注方法应符合下列规定：

1）平面图中，管道标高应按照图 1-1 的方式标注。

2）平面图中，沟渠标高应按照图 1-2 的方式标注。

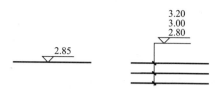

图 1-1　平面图中管道标高标注法

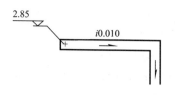

图 1-2　平面图中沟渠标高标注法

3）剖面图中，管道及水位的标高应按照图 1-3 的方式标注。

4）轴测图中，管道标高应按照图 1-4 的方式标注。

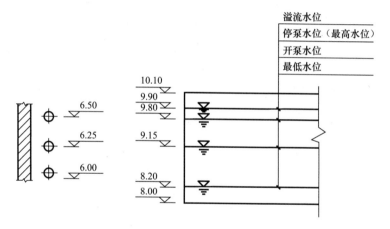

图 1-3　剖面图中管道及水位标高标注法

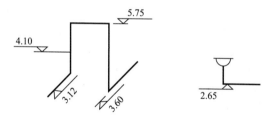

图 1-4　轴测图中管道标高标注法

（6）建筑物内的管道也可以按照本层建筑地面的标高加管道安装高度的方式标注管道标高，标注方法应为 $H+\times.\times\times$，H 表示本层建筑地面标高。

4. 管径

（1）管径以 mm 为单位。

（2）管径的表达方法应符合下列规定：

1）水煤气输送钢管（镀锌或非镀锌）、铸铁管等管材，管径宜以公称直径 DN 表示。

2）无缝钢管、焊接钢管（直缝或螺旋缝）等管材，管径宜以外径 $D\times$壁厚表示。

3）铜管、薄壁不锈钢管等管材，管径宜以公称外径 D_w 表示。

4）建筑给水排水塑料管材，管径宜以公称外径 dn 表示。

5）钢筋混凝土（或混凝土）管，管径宜以内径 d 表示。

6）复合管、结构壁塑料管等管材，管径应按产品标准的方法表示。

7）当设计中均采用公称直径 DN 表示管径时，应有公称直径 DN 与相应产品规格对照表。

（3）管径的标注方法应符合下列规定：

1）单根管道时，管径应按照图 1-5 的方式标注。

2）多根管道时，管径应按照图 1-6 的方式标注。

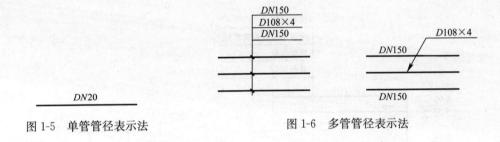

图 1-5 单管管径表示法

图 1-6 多管管径表示法

5. 编号

（1）当建筑物的给水引入管或排水排出管的数量超过一根时，应进行编号，编号宜按照图 1-7 的方法表示。

（2）建筑物内穿越楼层的立管，其数量超过一根时，应进行编号，编号宜按照图 1-8 的方法表示。

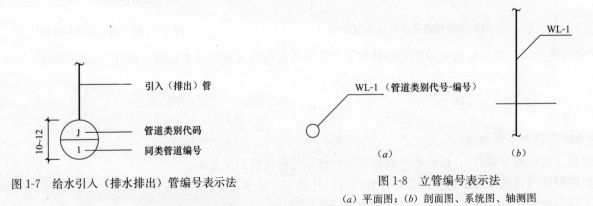

图 1-7 给水引入（排水排出）管编号表示法

图 1-8 立管编号表示法

（a）平面图；（b）剖面图、系统图、轴测图

（3）在总图中，当同种给水排水附属构筑物的数量超过一个时，应进行编号，并且应符合下列规定：

1）编号方法应采用构筑物代号加编号来表示。

2）给水构筑物的编号顺序宜为从水源到干管，再从干管到支管，最后到用户。

3）排水构筑物的编号顺序宜为从上游到下游，先干管后支管。

（4）当给水排水工程的机电设备数量超过一台时，宜进行编号，并应有设备编号与设备名称对照表。

1.1.2 常用图例

（1）管道类别应以汉语拼音字母表示，管道图例宜符合表1-3的要求。

管道图例

表1-3

序号	名称	图例	备注	序号	名称	图例	备注
1	生活给水管	—— J ——	—	11	废水管	—— F ——	可与中水原水管合用
2	热水给水管	—— RJ ——	—	12	压力废水管	—— YF ——	—
3	热水回水管	—— RH ——	—	13	通气管	—— T ——	—
4	中水给水管	—— ZJ ——	—	14	污水管	—— W ——	—
5	循环冷却给水管	—— XJ ——	—	15	压力污水管	—— YW ——	—
6	循环冷却回水管	—— XH ——	—	16	雨水管	—— Y ——	—
7	热媒给水管	—— RM ——	—	17	压力雨水管	—— YY ——	—
8	热媒回水管	—— RMH ——	—	18	虹吸雨水管	—— HY ——	—
9	蒸汽管	—— Z ——	—	19	膨胀管	—— PZ ——	—
10	凝结水管	—— N ——	—	20	保温管	～～～	也可用文字说明保温范围

续表

序号	名称	图例	备注	序号	名称	图例	备注
21	伴热管		也可用文字说明保温范围	25	管道立管	XL-1 平面　XL-1 系统	X为管道类别 L为立管 1为编号
22	多孔管		—	26	空调凝结水管	——KN——	—
23	地沟管		—	27	排水明沟	坡向 ——→	—
24	防护套管		—	28	排水暗沟	坡向 ——→	—

注：1. 分区管道用加注角标方式表示。
　　2. 原有管线可用比同类型的新设管线细一级的线型表示，并加斜线，拆除管线则加叉线。

（2）管道附件的图例宜符合表 1-4 的要求。

管道附件　　　　　　　　　　　　　　　　　表 1-4

序号	名称	图例	备注	序号	名称	图例	备注
1	套管伸缩器		—	8	立管检查口		—
2	方形伸缩器		—				
3	刚性防水套管		—	9	清扫口	平面　系统	—
4	柔性防水套管		—	10	通气帽	成品　蘑菇形	—
5	波纹管		—	11	雨水斗	YD-　YD- 平面　系统	—
6	可曲挠橡胶接头	单球　双球	—				
7	管道固定支架		—				

续表

序号	名称	图例	备注	序号	名称	图例	备注
12	排水漏斗	平面　系统	—	19	毛发聚集器	平面　系统	—
13	圆形地漏	平面　系统	通用。如为无水封，地漏应加存水弯	20	倒流防止器		—
14	方形地漏	平面　系统	—	21	吸气阀		—
15	自动冲洗水箱		—	22	真空破坏器		—
16	挡墩		—	23	防虫网罩		—
17	减压孔板		—	24	金属软管		—
18	Y形除污器		—				

（3）管道连接的图例宜符合表 1-5 的要求。

管道连接   表 1-5

序号	名称	图例	备注	序号	名称	图例	备注
1	法兰连接		—	6	盲板		—
2	承插连接		—	7	弯折管	高 低 低 高	—
3	活接头		—	8	管道丁字上接	高 低	—
4	管堵		—	9	管道丁字下接	高 低	—
5	法兰堵盖		—	10	管道交叉	低 高	在下面和后面的管道应断开

（4）管件的图例宜符合表 1-6 的要求。

管件   表 1-6

序号	名称	图例	序号	名称	图例
1	偏心异径管		8	90°弯头	
2	同心异径管		9	正三通	
3	乙字管		10	TY三通	
4	喇叭口		11	斜三通	
5	转动接头		12	正四通	
6	S形存水弯		13	斜四通	
7	P形存水弯		14	浴盆排水管	

（5）阀门的图例宜符合表 1-7 的要求。

阀门

表 1-7

序号	名称	图例	备注	序号	名称	图例	备注
1	闸阀		—	13	减压阀		左侧为高压端
2	角阀		—	14	旋塞阀	平面 系统	—
3	三通阀		—	15	底阀	平面 系统	—
4	四通阀		—	16	球阀		—
5	截止阀		—	17	隔膜阀		—
6	蝶阀		—	18	气开隔膜阀		—
7	电动闸阀		—	19	气闭隔膜阀		—
8	液动闸阀		—	20	电动隔膜阀		—
9	气动闸阀		—	21	温度调节阀		—
10	电动蝶阀		—	22	压力调节阀		—
11	液动蝶阀		—	23	电磁阀		—
12	气动蝶阀		—	24	止回阀		—

续表

序号	名称	图例	备注	序号	名称	图例	备注
25	消声止回阀		—	31	浮球阀	平面　　系统	—
26	持压阀		—	32	水力液位控制阀	平面　　系统	—
27	泄压阀		—	33	延时自闭冲洗阀		—
28	弹簧安全阀		左侧为通用	34	感应式冲洗阀		—
29	平衡锤安全阀		—	35	吸水喇叭口	平面　　系统	—
30	自动排气阀	平面　　系统	—	36	疏水器		—

（6）给水配件的图例宜符合表 1-8 的要求。

给水配件　　　　　　　　　　　　　　　　　　　　　　　　表 1-8

序号	名称	图例	序号	名称	图例
1	水嘴	平面　　系统	3	洒水（栓）水嘴	
2	皮带水嘴	平面　　系统	4	化验水嘴	

续表

序号	名称	图例	序号	名称	图例
5	肘式水嘴		8	旋转水嘴	
6	脚踏开关水嘴		9	浴盆带喷头混合水嘴	
7	混合水嘴		10	蹲便器脚踏开关	

（7）消防设施的图例宜符合表 1-9 的要求。

消防设施　　　　　　　　　　　　　　　　　　　　　　　　　　　　　表 1-9

序号	名称	图例	备注	序号	名称	图例	备注
1	消火栓给水管	——XH——	—	8	室内消火栓（双口）	平面　系统	—
2	自动喷水灭火给水管	——ZP——	—	9	水泵接合器		—
3	雨淋灭火给水管	——YL——	—	10	自动喷洒头（开式）	平面　系统	—
4	水幕灭火给水管	——SM——	—	11	自动喷洒头（闭式）	平面　系统	下喷
5	水炮灭火给水管	——SP——	—	11			
6	室外消火栓		—	12	自动喷洒头（闭式）	平面　系统	上喷
7	室内消火栓（单口）	平面　系统	白色为开启面	12			

序号	名称	图例	备注	序号	名称	图例	备注
13	自动喷洒头（闭式）	平面　　　系统	上下喷	20	预作用报警阀	平面　　　系统	—
14	侧墙式自动喷洒头	平面　　　系统	—	21	雨淋阀	平面　　　系统	—
15	水喷雾喷头	平面　　　系统	—	22	信号闸阀		—
16	直立型水幕喷头	平面　　　系统	—	23	信号蝶阀		—
17	下垂型水幕喷头	平面　　　系统	—	24	消防炮	平面　　　系统	—
18	干式报警阀	平面　　　系统	—	25	水流指示器		—
19	湿式报警阀	平面　　　系统	—	26	水力警铃		—
				27	末端试水装置	平面　　　系统	—
				28	手提式灭火器		—
				29	推车式灭火器		—

注：1. 分区管道用加注角标方式表示。
　　2. 建筑灭火器的设计图例可按照现行国家标准《建筑灭火器配置设计规范》GB 50140—2005 的规定确定。

（8）卫生设备及水池的图例宜符合表 1-10 的要求。

卫生设备及水池 表 1-10

序号	名称	图例	备注	序号	名称	图例	备注
1	立式洗脸盆		—	9	污水池		—
2	台式洗脸盆		—	10	妇女净身盆		—
3	挂式洗脸盆		—	11	立式小便器		—
4	浴盆		—	12	壁挂式小便器		—
5	化验盆、洗涤盆		—	13	蹲式大便器		—
6	厨房洗涤盆		不锈钢制品	14	坐式大便器		—
7	带沥水板洗涤盆		—	15	小便槽		—
8	盥洗盆		—	16	淋浴喷头		—

注：卫生设备图例也可以建筑专业资料图为准。

（9）小型给水排水构筑物的图例宜符合表 1-11 的要求。

小型给水排水构筑物 表 1-11

序号	名称	图例	备注	序号	名称	图例	备注
1	矩形化粪池	HC	HC 为化粪池	7	雨水口（双算）		—
2	隔油池	YC	YC 为隔油池代号	8	阀门井及检查井	J-×× W-×× Y-×× J-×× W-×× Y-××	以代号区别管道
3	沉淀池	CC	CC 为沉淀池代号	9	水封井		—
4	降温池	JC	JC 为降温池代号	10	跌水井		—
5	中和池	ZC	ZC 为中和池代号	11	水表井		—
6	雨水口（单算）		—				

（10）给水排水设备的图例宜符合表 1-12 的要求。

给水排水设备 表 1-12

序号	名称	图例	备注	序号	名称	图例	备注
1	卧式水泵	平面　　　系统 或	—	4	定量泵		—
2	立式水泵	平面　　　系统	—	5	管道泵		—
3	潜水泵		—	6	卧室容积热交换器		—

续表

序号	名称	图例	备注	序号	名称	图例	备注
7	立式容积热交换器		—	12	除垢器		—
8	快速管式热交换器		—	13	水锤消除器		—
9	板式热交换器		—	14	搅拌器		—
10	开水器		—	15	紫外线消毒器		—
11	喷射器		小三角为进水端				

（11）给水排水专业所用仪表的图例宜符合表1-13的要求。

仪表

表1-13

序号	名称	图例	序号	名称	图例
1	温度计		5	水表	
2	压力表		6	自动记录流量表	
3	自动记录压力表		7	转子流量计	平面　系统
4	压力控制器		8	真空表	

序号	名称	图例	序号	名称	图例
9	温度传感器	– – – – $\boxed{\text{T}}$ – – – –	12	酸传感器	– – – $\boxed{\text{H}}$ – – –
10	压力传感器	– – – $\boxed{\text{P}}$ – – –	13	碱传感器	– – – $\boxed{\text{Na}}$ – – –
11	pH 传感器	– – – $\boxed{\text{pH}}$ – – – –	14	余氯传感器	– – – $\boxed{\text{Cl}}$ –

1.2 暖通空调工程制图基础

1.2.1 一般规定

1. 图线

(1) 图线的基本宽度 b 和线宽组，应根据图样的比例、类别及使用方式确定。

(2) 基本宽度 b 宜选用 0.18、0.35、0.5、0.7、1.0mm。

(3) 图样中仅使用两种线宽时，线宽组宜为 b 和 $0.25b$。三种线宽的线宽组宜为 b、$0.5b$ 和 $0.25b$，并应符合表 1-14 的规定。

线宽   表 1-14

线宽比	线宽组			
b	1.4	1.0	0.7	0.5
$0.7b$	1.0	0.7	0.5	0.35
$0.5b$	0.7	0.5	0.35	0.25
$0.25b$	0.35	0.25	0.18	(0.13)

注：需要缩微的图纸，不宜采用 0.18 及更细的线宽。

(4) 在同一张图纸内，各不同线宽组的细线，可统一采用最小线宽组的细线。

(5) 暖通空调专业制图采用的线型及其含义，宜符合表 1-15 的规定。

线型及其含义　　　　　　　　　　　　　　　　　表 1-15

名称		线型	线宽	一般用途
实线	粗		b	单线表示的供水管线
	中粗		0.7b	本专业设备轮廓、双线表示的管道轮廓
	中		0.5b	尺寸、标高、角度等标注线及引出线；建筑物轮廓
	细		0.25b	建筑布置的家具、绿化等；非本专业设备轮廓
虚线	粗		b	回水管线及单根表示的管道被遮挡的部分
	中粗		0.7b	本专业设备及双线表示的管道被遮挡的轮廓
	中		0.5b	地下管沟、改造前风管的轮廓线；示意性连线
	细		0.25b	非本专业虚线表示的设备轮廓等
波浪线	中		0.5b	单线表示的软管
	细		0.25b	断开界线
单点长画线			0.25b	轴线、中心线
双点长画线			0.25b	假想或工艺设备轮廓线
折断线			0.25b	断开界线

2. 比例

总平面图、平面图的比例，宜与工程项目设计的主导专业一致，其余可按表 1-16 选用。

比例　　　　　　　　　　　　　　　　　表 1-16

图名	常用比例	可用比例
剖面图	1：50、1：100	1：150、1：200
局部放大图、管沟断面图	1：20、1：50、1：100	1：25、1：30、1：150、1：200
索引图、详图	1：1、1：2、1：5、1：10、1：20	1：3、1：4、1：15

1.2.2　常用图例

1. 水、汽管道

(1) 水、汽管道可用线型区分，也可用代号区分。水、汽管道代号宜按表 1-17 采用。

水、汽管道代号　　　　　　　表 1-17

序号	代号	管道名称	备注	序号	代号	管道名称	备注
1	RG	采暖热水供水管	可附加 1、2、3 等表示一个代号、不同参数的多种管道	22	Z2	二次蒸汽管	—
2	RH	采暖热水回水管	可通过实线、虚线表示供、回关系省略字母 G、H	23	N	凝结水管	—
3	LG	空调冷水供水管	—	24	J	给水管	—
4	LH	空调冷水回水管	—	25	SR	软化水管	—
5	KRG	空调热水供水管	—	26	CY	除氧水管	—
6	KRH	空调热水回水管	—	27	GG	锅炉进水管	—
7	LRG	空调冷、热水供水管	—	28	JY	加药管	—
8	LRH	空调冷、热水回水管	—	29	YS	盐溶液管	—
9	LQG	冷却水供水管	—	30	XI	连续排污管	—
10	LQH	冷却水回水管	—	31	XD	定期排污管	—
11	n	空调冷凝水管	—	32	XS	泄水管	—
12	PZ	膨胀水管	—	33	YS	溢水（油）管	—
13	BS	补水管	—	34	R_1G	一次热水供水管	—
14	X	循环管	—	35	R_1H	一次热水回水管	—
15	LM	冷媒管	—	36	F	放空管	—
16	YG	乙二醇供水管	—	37	FAQ	安全阀放空管	—
17	YH	乙二醇回水管	—	38	O1	柴油供油管	—
18	BG	冰水供水管	—	39	O2	柴油回油管	—
19	BH	冰水回水管	—	40	OZ1	重油供油管	—
20	ZG	过热蒸汽管	—	41	OZ2	重油回油管	—
21	ZB	饱和蒸汽管	可附加 1、2、3 等表示一个代号、不同参数的多种管道	42	OP	排油管	—

（2）水、汽管道阀门和附件的图例宜按表 1-18 采用。

水、汽管道阀门和附件图例　　　　　　　表 1-18

序号	名称	图例	备注	序号	名称	图例	备注
1	截止阀	—▷◁—	—	3	球阀	—▷◁—	—
2	闸阀	—▷◁—	—	4	柱塞阀	—▷◁—	—

续表

序号	名称	图例	备注	序号	名称	图例	备注
5	快开阀		—	19	排入大气或室外		—
6	蝶阀			20	安全阀		—
7	旋塞阀		—	21	角阀		—
8	止回阀			22	底阀		—
9	浮球阀		—	23	漏斗		—
10	三通阀		—	24	地漏		—
11	平衡阀		—	25	明沟排水		—
12	定流量阀		—	26	向上弯头		—
13	定压差阀		—	27	向下弯头		—
14	自动排气阀		—	28	法兰封头或管封		—
15	集气罐、放气阀		—	29	上出三通		—
16	节流阀		—	30	下出三通		—
17	调节止回关断阀		水泵出口用	31	变径管		—
18	膨胀阀		—	32	活接头或法兰连接		—

续表

序号	名称	图例	备注	序号	名称	图例	备注
33	固定支架		—	45	套管补偿器		—
34	导向支架		—	46	波纹管补偿器		—
35	活动支架		—	47	弧形补偿器		—
36	金属软管		—	48	球形补偿器		—
37	可屈挠橡胶软接头		—	49	伴热管		—
38	Y形过滤器		—	50	保护套管		—
39	疏水器		—	51	爆破膜		—
40	减压阀		左高右低	52	阻火器		—
41	直通型（或反冲型）除污器		—	53	节流孔板、减压孔板		—
42	除垢仪		—	54	快速接头		—
43	补偿器		—	55	介质流向	→　或 ⇨	在管道断开处时，流向符号宜标注在管道中心线上，其余可同管径标注位置
44	矩形补偿器		—	56	坡度及坡向	$i=0.003$　或　$i=0.003$	坡度数值不宜与管道起、止点标高同时标注。标注位置同管径标注位置

2. 风道

（1）风道代号宜按表 1-19 采用。

风道代号

表 1-19

序号	代号	管道名称	备注	序号	代号	管道名称	备注
1	SF	送风管	—	6	ZY	加压送风管	—
2	HF	回风管	一、二次回风可附加 1、2 区别	7	PY	排风排烟兼用风管	—
3	PF	排风管	—	8	XB	消防补风风管	—
4	XF	新风管	—	9	S（B）	送风兼消防补风风管	—
5	PY	消防排烟风管	—				

（2）风道、阀门及附件的图例宜按表 1-20 和表 1-22 采用。

风道、阀门及附件图例

表 1-20

序号	名称	图例	备注	序号	名称	图例	备注
1	矩形风管	***×***	宽×高（mm）	11	消声器		
2	圆形风管	φ***	φ 直径（mm）	12	消声弯头		—
3	风管向上		—	13	消声静压箱		—
4	风管向下		—	14	风管软接头		—
5	风管上升摇手弯		—	15	对开多叶调节风阀		—
6	风管下降摇手弯		—	16	蝶阀		—
7	天圆地方		左接矩形风管，右接圆形风管	17	插板阀		—
8	软风管		—	18	止回风阀		—
9	圆弧形弯头		—	19	余压阀	DPV	—
10	带导流片的矩形弯头		—	20	三通调节阀		—

序号	名称	图例	备注	序号	名称	图例	备注
21	防烟、防火阀		***表示防烟、防火阀名称代号，代号说明另见表1-21	27	防雨百叶		—
22	方形风口		—	28	检修门		—
23	条缝形风口		—	29	气流方向		左为通用表示法，中表示送风，右表示回风
24	矩形风口		—	30	远程手控盒	B	防排烟用
25	圆形风口		—	31	防雨罩		
26	侧面风口		—				

防烟、防火阀功能 表1-21

符号	说明
	防烟、防火阀功能表

*** *** 防烟、防火阀功能代号

阀体中文名称	功能 阀体代号	1 防烟防火	2 风阀	3 风量调节	4 阀体手动	5 远程手动	6① 常闭	7② 电动控制一次动作	8② 电动控制反复动作	9 70℃自动关闭	10 280℃自动关闭	11③ 阀体动作反馈信号
70℃防烟防火阀	FD④	√	√		√					√		
	FVD④	√	√	√	√					√		
	FDS④	√	√							√		√
	FDVS④	√	√	√	√					√		√
	MED	√	√		√			√		√		√
	MEC	√	√		√		√	√		√		√
	MEE	√	√		√				√	√		√
	BED	√	√	√	√	√		√		√	√	√
	BEC	√	√		√	√	√	√		√	√	√
	BEE	√	√	√	√	√			√	√	√	√

续表

阀体中文名称	阀体代号	1 防烟防火	2 风阀	3 风量调节	4 阀体手动	5 远程手动	6① 常闭	7② 电动控制一次动作	8② 电动控制反复动作	9 70℃自动关闭	10 280℃自动关闭	11③ 阀体动作反馈信号
280℃防烟防火阀	FDH	√	√		√							
	FVDH	√	√	√	√						√	
	FDSH	√	√								√	
	FVSH	√	√	√	√						√	√
	MECH	√	√				√	√			√	√
	MEEH	√	√	√						√	√	√
	BECH	√	√			√	√				√	√
	BEEH	√	√	√	√						√	√
板式排烟口	PS	√			√	√	√	√			√	√
多叶排烟口	GS	√			√	√	√	√			√	√
多叶送风口	GP	√			√	√	√	√		√		√
防火风口	GF	√		√				√		√		√
				√						√		

① 除表中注明外，其余的均为常开型；且所用的阀体在动作后均可手动复位。
② 消防电源（24V DC），由消防中心控制。
③ 阀体需要符合信号反馈要求的接点。
④ 若仅用于厨房烧煮区平时排风系统，其动作装置的工作温度应当由70℃改为150℃。

风口和附件代号　　表 1-22

序号	代号	图例	备注	序号	代号	图例	备注
1	AV	单层格栅风口，叶片垂直	—	9	DX *	圆形斜片散流器，*为出风面数量	—
2	AH	单层格栅风口，叶片水平	—	10	DH	圆环形散流器	—
3	BV	双层格栅风口，前组叶片垂直	—	11	E *	条缝形风口，*为条缝数	—
4	BH	双层格栅风口，前组叶片水平	—	12	F *	细叶形斜出风散流器，*为出风面数量	—
5	C *	矩形散流器，*为出风面数量	—	13	FH	门铰形细叶回风口	—
6	DF	圆形平面散流器	—	14	G	扁叶形直出风散流器	—
7	DS	圆形凸面散流器	—	15	H	百叶回风口	—
8	DP	圆盘形散流器	—	16	HH	门铰形百叶回风口	—

续表

序号	代号	图例	备注	序号	代号	图例	备注
17	J	喷口	—	23	N	防结露送风口	冠于所用类型风口代号前
18	SD	旋流风口	—	24	T	低温送风口	冠于所用类型风口代号前
19	K	蛋格形风口	—	25	W	防雨百叶	—
20	KH	门铰形蛋格式回风口	—	26	B	带风口风箱	—
21	L	花板回风口	—	27	D	带风阀	—
22	CB	自垂百叶	—	28	F	带过滤网	—

3. 暖通空调设备

暖通空调设备的图例宜按表 1-23 采用。

暖通空调设备图例　　　　　　　　　　　　　　　　　　表 1-23

序号	名称	图例	备注	序号	名称	图例	备注
1	散热器及手动放气阀		左为平面图画法，中为剖面图画法，右为系统图（Y轴侧）画法	9	变风量末端		—
2	散热器及温控阀		—	10	空调机组加热、冷却盘管		从左到右分别为加热、冷却及双功能盘管
3	轴流风机		—	11	空气过滤器		从左至右分别为粗效、中效及高效
4	轴（混）流式管道风机		—	12	挡水板		—
5	离心式管道风机		—	13	加湿器		—
6	吊顶式排气扇		—	14	电加热器		—
7	水泵		—	15	板式换热器		—
8	手摇泵		—	16	立式明装风机盘管		—

续表

序号	名称	图例	备注	序号	名称	图例	备注
17	立式暗装风机盘管		—	21	分体空调器	室内机　室外机	—
18	卧式明装风机盘管		—	22	射流诱导风机		—
19	卧式暗装风机盘管		—	23	减振器	⊙　△	左为平面图画法，右为剖面图画法
20	窗式空调器		—				

4. 调控装置及仪表

调控装置及仪表的图例宜按表 1-24 采用。

调控装置及仪表图例　　　　　　表 1-24

序号	名称	图例	序号	名称	图例
1	温度传感器	T	8	控制器	C
2	湿度传感器	H	9	吸顶式温度感应器	T
3	压力传感器	P	10	温度计	
4	压差传感器	ΔP	11	压力表	
5	流量传感器	F	12	流量计	F.M
6	烟感器	S	13	能量计	E.M
7	流量开关	FS	14	弹簧执行机构	

序号	名称	图例	序号	名称	图例
15	重力执行机构		21	浮力执行机构	
16	记录仪		22	数字输入量	DI
17	电磁（双位）执行机构		23	数字输出量	DO
18	电动（双位）执行机构		24	模拟输入量	AI
19	电动（调节）执行机构		25	模拟输出量	AO
20	气动执行机构				

注：各种执行机构可与风阀、水阀组合表示相应功能的控制阀门。

2 识读给水排水施工图

2.1 识读室内给水排水工程施工图

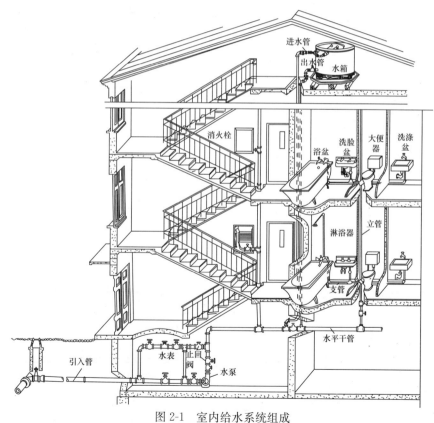

图 2-1 室内给水系统组成

1. 室内给水系统

（1）室内给水系统的组成

一般情况下，室内给水系统由引入管、配水管道、给水附件、给水设备、配水设施和计量仪表等组成，如图 2-1 所示。引入管上一般设有水表、泄水阀等附件，配水管道包括干管、立管、支管和分支管等。

1）引入管。引入管是指从室外给水管网的接点引至建筑内部的管段。

2）水表节点。水表节点是指安装在引入管上的水表及其前后设置的阀门和泄水装置的总称，如图2-2所示。当建筑物只有一条引入管时，宜在水表井中设旁通管，如图2-3所示。温暖地区的水表井一般设在室外，寒冷地区的水表井一般设在室内供暖房间内，以防水表冻裂。

3）给水管道：

① 干管是指用于输送和分配的用水管段，是将水从引入管输送至建筑物各区域的管段。

② 立管又称竖管，是将水从干管沿垂直方向输送至各楼层、各不同标高处的管段。

③ 支管又称分配管，是将水从立管输送至各房间内的管段。

④ 分支管又称配水支管，是将水从支管输送至各用水设备处的管段。

4）给水附件。给水附件是指用于在管道系统中调节水量、水压，控制水流方向，改善水质以及截断水流，便于管道、仪表和设备检修的设施。包括各种阀门、水锤消除器、过滤器、减压孔板等管路附件。

常用的阀门有截止阀、闸阀、蝶阀、止回阀、液位控制阀、安全阀等。

5）配水设施。配水设施是指生活、生产和消防给水系统管网的终端用水点上的设施，包括卫生器具的给水配件或配水龙头，生产给水系统中锅炉等用水设备，消防系统中的室内消火栓、消防软管、卷盘等。

6）增压贮水设备。增压贮水设备常指水泵、水池（箱）、气压给水装置等。

7）计量仪器。计量仪器是测量系统压力、温度、流量、水位等所用的计量装置。包括压力计、温度计、水表、水位计等。

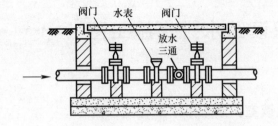

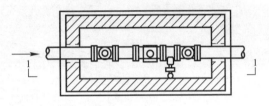

图2-2 水表节点

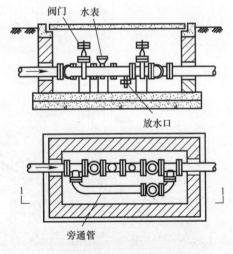

图2-3 设旁通管水表节点

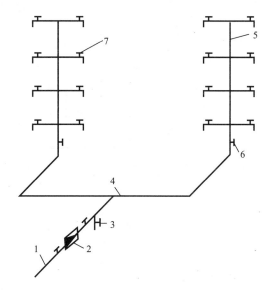

图 2-4 直接给水方式系统原理图

1—进户管；2—水表；3—泄水阀；4—水平干管；5—立管；6—阀门；7—配水龙头

（2）室内给水方式

1）直接给水方式。当室外给水管网的水量、水压任何时间都能满足室内用水点的水量、水压需要时，采用直接给水方式。直接给水方式系统由进户管、水表、泄水阀、水平干管、立管、阀门及配水龙头等组成，如图 2-4 所示。直接给水系统相对简单，能够充分利用外网压力，建筑内部给水管网在外网压力的作用下工作。

2）单设水箱给水方式。当室外管网的水压周期性变化大，且一天内大部分时间室外管网的水压、水量能满足建筑内部用水要求时或用户对水压的稳定性要求较高，而外网水压过高，需减压时可采用单设水箱给水方式。单设水箱给水方式包括下行上给和上行下给两种方式，均由水表、泄水阀、水平干管、阀门、配水龙头、立管、水箱、浮球阀等组成，如图2-5所示。下行上给式给水方式需设止回阀，其水平干管可以敷设在地下室天花板下、专门的地沟内或在底层直接埋地敷设，自下向上供水。民用建筑直接由室外管网供水时，大都采用下行上给式给水方式。

上行下给式给水方式的水平干管设于顶层天花板下、平屋顶上或吊顶中，自上向下供水。一般为有屋顶水箱的给水方式或下行布置有困难时，常常采用这种方式。

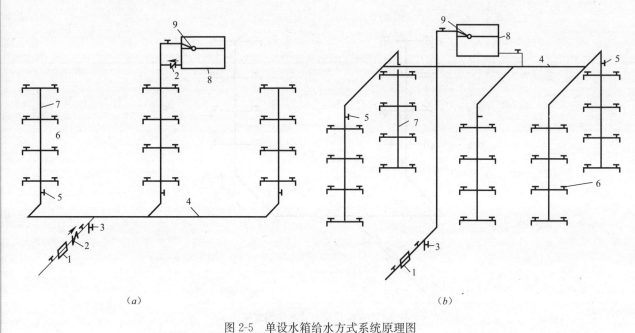

图 2-5　单设水箱给水方式系统原理图
（a）下行上给；（b）上行下给
1—水表；2—止回阀；3—泄水阀；4—水平干管；5—阀门；6—配水龙头；7—立管；8—水箱；9—浮球阀

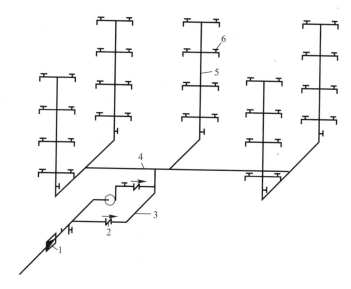

图 2-6 单设水泵给水方式系统原理图

1—水表；2—止回阀；3—旁通管；4—水平干管；5—立管；6—配水龙头

3）单设水泵给水方式。当一天内室外给水管网的水压大部分时间满足不了建筑内部给水管网所需水压，且建筑物内部用水较大又较均匀时，常采用单设水泵的供水方式。另外，对于工业企业、生产车间等对建筑立面、建筑外观要求比较高且不便在其上部设置水箱的建筑，也常采用这种方式。单设水泵给水方式系统主要由水表、止回阀、旁通管、水平干管、立管、配水龙头等组成，如图 2-6 所示。

4）设置水泵、水箱的联合供水方式。室外给水管网的水压经常性或周期性低于建筑内部给水管网所需水压，且建筑内部用水又很不均匀时，应采用设置水泵、水箱联合供水方式。按照用户对供水可靠程度的要求不同，水泵、水箱的联合供水方式可分水平环状式和垂直环状式两种，均由引入管、水表、泄水阀、水泵、水平干管、立管、屋顶水箱、浮球阀、阀门、配水龙头等组成，如图2-7所示。

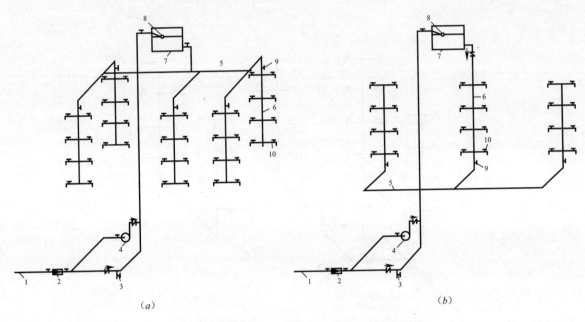

图 2-7　设置水泵、水箱联合供水方式系统原理图

（a）水平环状式；（b）垂直环状式

1—引水管；2—水表；3—泄水阀；4—水泵；5—水平干管；6—立管；7—屋顶水箱；8—浮球阀；9—阀门；10—配水龙头

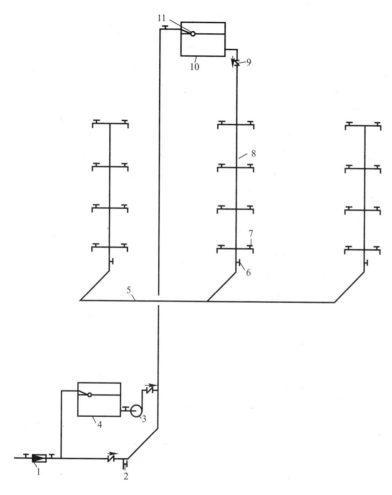

图 2-8 水池、水泵、水箱联合供水方式系统原理图

1—水表；2—泄水阀；3—水泵；4—储水池；5—水平干管；6—阀门；

7—配水龙头；8—立管；9—止回阀；10—屋顶水箱；11—浮球阀

5）水池、水泵、水箱联合供水方式。当室外给水管网水压低于或经常不能满足建筑内部给水管网所需水压，且不允许直接从外网抽水时，需设置水池、水泵、水箱联合供水方式。该系统主要由水表、泄水阀、水泵、储水池、水平干管、阀门、配水龙头、立管、止回阀、屋顶水箱、浮球阀等组成，如图 2-8 所示。外网水送入储水池，水泵从储水池抽水，输送至室内管网和水箱。

此系统的特点是水池水箱可以储备一定水量，可延时供水，供水可靠且水压稳定。

6）管网叠压供水方式。管网叠压供水系统是由管网叠压供水设备叠加供水管网水压，直接从供水管网中取水增压的供水方式。管网叠压供水方式系统主要包括管网叠压供水设备和供水管网两部分，管网叠压供水设备包括变频控制柜、远程控制接口、防负压模板、转换防倒流装置、转换设置、水箱和时钟控制模板构成；供水管网包括用户、水系统机组、水平干管、立管、阀门和配水龙头等组成，如图2-9所示。

管网叠压供水设备是近几年来发展起来的一种新型供水设备，其不需要设置低位水池，避免了生活用水的二次污染，可利用市政管网的余压，具有节能、设备占地小、节省机房面积等优点，在工程中得到了一定的应用。

管网叠压供水方式适合在市政管网能满足用户的流量要求，但不能满足水压要求，设备运行不对管网及其他用户产生影响的地区使用。

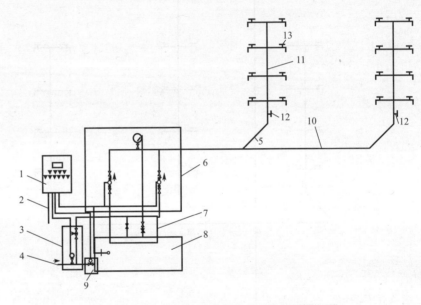

图 2-9　管网叠压供水方式系统原理图
1—变频控制柜；2—远程控制接口；3—防负压模板；4—转换防倒流装置；5—用户；6—水系统机组；7—转换设置；8—水箱；9—时钟控制模板；10—水平干管；11—立管；12—阀门；13—配水龙头

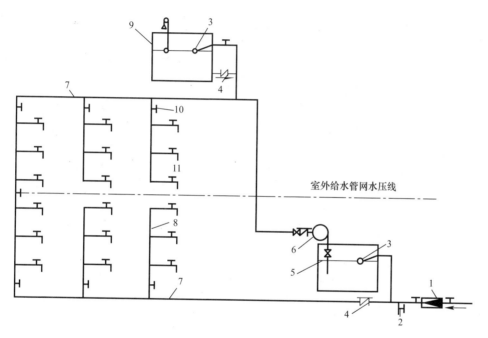

图 2-10 分区供水方式系统原理图

1—水表；2—泄水管；3—浮球阀；4—止回阀；5—储水池；6—生活泵；
7—水平干管；8—立管；9—浮球液位器；10—阀门；11—配水龙头

7）分区供水方式。当室外给水管网的压力只能满足建筑下层供水要求时，可采用分区给水方式。该系统以室外给水管网水压线为界分为低区和高区，室外给水管网水压线以下楼层为低区，由室外给水管直接供水；室外给水管网水压线以上楼层为高区，由升压储水设备供水。室外给水管网主要由水表、泄水管、浮球阀、止回阀、储水池、生活泵、水平干管、立管等组成；升压储水设备主要包括浮球液位器、浮球阀、止回阀、水平干管、阀门、配水龙头等组成，如图 2-10 所示。采用分区给水方式供水时，可将两区的一根或几根立管相连，在分区处设阀门，以备在低区进水管发生故障或外网压力不足时，打开阀门由高区水箱向低区供水。

室外给水管网水压线

8）水泵串联分区给水方式。如图2-11所示，采用水泵串联供水方式时，水泵和水箱分散设置在各区的楼层中，低区水箱兼作上区的水池，上区的水泵从下区的水箱中抽水，供上区用水。

水泵串联分区给水方式的特点如下：

优点：

① 各区水泵的扬程和流量按本区需要设计，可保持在高效区工作，使用效率高，能源消耗小。

② 水泵压力均匀、扬程较小、水锤影响小。

③ 无需设置高压水泵和高压管，设备和管道较简单。

④ 投资较省。

缺点：

① 水泵分散布置，维护管理不方便。

② 水泵和水箱占用一定的楼层使用面积，增加结构的负荷和造价。

③ 水泵设在楼层，产生振动，噪声较大。

④ 供水不够安全，如下区设备发生故障，则其上部数区供水受影响。

⑤ 采用这种给水方式供水，水泵设计应有消防减振措施。

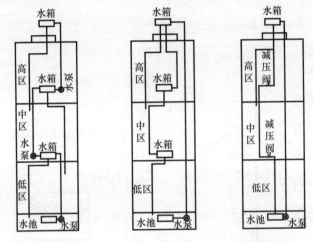

图 2-11　水泵串联分区供水方式系统原理图

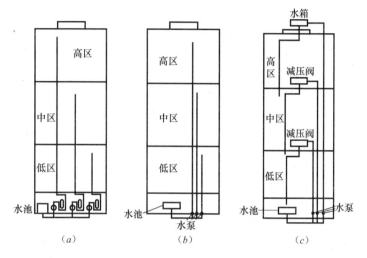

图 2-12 水泵并联分区供水方式系统原理图

（a）气压罐并联；（b）变频调速水泵并联；（c）并联单管供水方式

9）水泵并联分区给水方式。水泵并联分区供水方式系统包括气压罐并联、变频调速水泵并联和并联单管供水三种，如图 2-12 所示。各分区水泵集中布置在建筑底层或地下室，各区水泵独立向各区的用户供水。

水泵并联分区供水方式特点如下：

优点：

① 各区自成体系，独立运行，互不干扰，当某区发生事故时，不影响其他系统，供水安全可靠。

② 各区升压设备集中布置，便于维护管理。

③ 水泵效率高，能源消耗小。

缺点：管材耗用较多，且需要高压水泵和管道，设备费用较高。

水泵并联分区供水方式适用在各类高层建筑中，当建筑高度大于 100m 时，管道及配件承受压力大，水锤影响也较严重。

2. 室内排水系统的组成

室内排水系统如图 2-13 所示。一般由污废水收集器、排水管系统、通气管、清通设备、抽升设备、污水局部处理设备等部分组成。

（1）污废水收集器：污废水收集器是室内排水系统的起点，是指用来收集污废水的器具。如室内的卫生器具、工业废水的排水设备及雨水斗等。

（2）排水管系统：排水管系统由器具排水管、排水横支管、排水立管、排水干管、排出管等组成。

1）器具排水管。连接一个卫生器具和排水横支管的排水短管，以防止排水管道中的有害气体进入室内。器具排水管上设有水封装置（如 S 形存水弯和 P 形存水弯等）。

2）排水横支管是指连接两个或两个以上卫生器具排水支管的水平排水管。排水横支管应有一定的坡度坡向立管，尽量不拐弯直接与立管相连。

3）排水立管是指连接排水横支管的垂直排水管的过水部分。

4）排水干管是连接两个或两个以上排水立管的总横管，一般埋在地下与排出管连接。

5）排出管即室内污水出户管，它是室内排水系统与室外排水系统的连接管道。排出管与室外排水管道连接处应设置排水检查井。粪便污水一般先进入化粪池，再经过检查井排入室外排水管道。

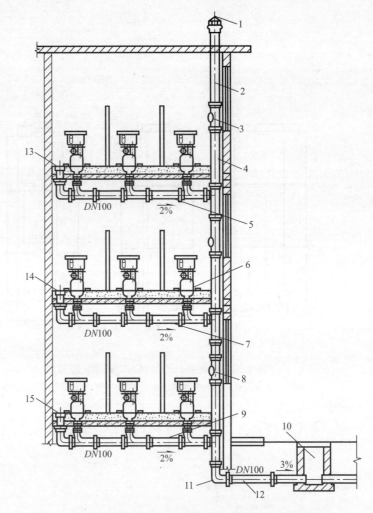

图 2-13　室内排水系统的组成

1—风帽；2—通气管；3—检查口；4—排水立管；5、7、9—排水横支管；6—大便器；8—检查口；10—检查井；11—出户大旁管；12—排水管；13、14、15—清扫口

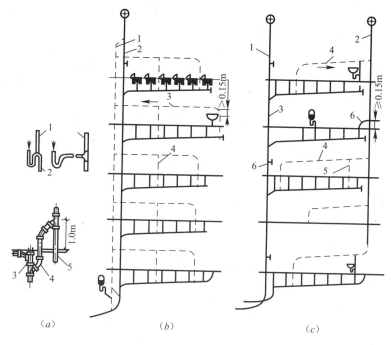

图 2-14 通气管系统

(a) 结合通气管；1—器具通风管；2—器具排水管；3—污水立管；4—结合通气管；5—通气立管

(b) 排水、通气立管周边设置；1—主通气立管；2—排水立管；3—环形通气管；4—安全通气管

(c) 排水、通气立管分开设置；1—透气管；2—副通气立管；3—排水立管；4—环形通气管；5—安全通气管；6—检查口

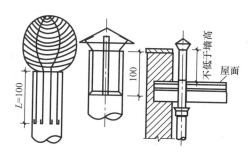

图 2-15 通气帽

(3) 通气管道系统：通气管是指排水立管上部不过水部分。对于层数不多，卫生器具较少的建筑物，仅设排水立管上部延伸出屋顶的通气管。对于层数多、卫生器具数量多的室内排水系统，以上的方法不足以稳压时，应设通气管系统，如图 2-14 所示。

此外，标准高时还应设器具通气管。通气管顶部应设通气帽，防止杂物进入管道，如图 2-15 所示。冬季供暖室外空气温度低于 −15℃ 的地区，应设镀锌铁皮风帽，高于 −15℃ 地区应设钢丝球。

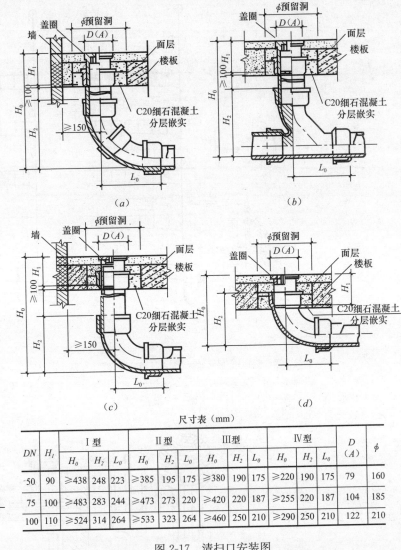

（a）　　　　　　　　　（b）

（c）　　　　　　　　　（d）

（4）清通设备：为了清通室内排水管道，应在排水管道的适当部位设置清扫口、检查口和室内检查井等。

1）清扫口。当排水横支管上连接两个或两个以上的大便器、三个或三个以上的其他卫生器具时，应在横管的起端设置清扫口，如图2-16所示。清扫口顶面应与地面相平，且仅单向清通。横管起端的清扫口与管道相垂直的墙面的距离不得小于0.15m，以便于拆装和清通操作。清扫口安装如图2-17所示。

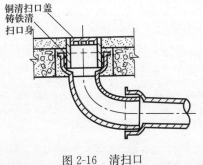

图 2-16　清扫口

尺寸表（mm）

DN	H_1	I 型			II 型			III 型			IV 型			$D(A)$	ϕ
		H_0	H_2	L_0	H_0	H_2	L_0	H_0	H_2	L_0	H_0	H_2	L_0		
50	90	≥438	248	223	≥385	195	175	≥380	190	175	≥220	190	175	79	160
75	100	≥483	283	244	≥473	273	220	≥420	220	187	≥255	220	187	104	185
100	110	≥524	314	264	≥533	323	264	≥460	250	210	≥290	250	210	122	210

图 2-17　清扫口安装图

（a）Ⅰ型；（b）Ⅱ型；（c）Ⅲ型；（d）Ⅳ型

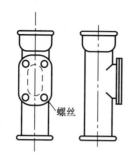

图 2-18 检查口

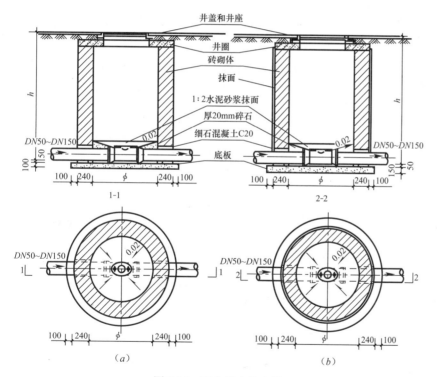

1-1   2-2

（a）   （b）

图 2-19 室内排水检查井

（a）用于无地下水；（b）用于有地下水

2）检查口。检查口是一个带盖的开口配件，拆开盖板即可清通管道，如图 2-18 所示。检查口通常设在排水立管上，可以每隔一层设一个，但在底层和有卫生器具的最高层必须设置。检查口安装时，应使盖板向外，并与墙面成 45°夹角，检查口中心距地面 1m，并且至少高出该楼层卫生器具上边缘 0.15m。

3）室内检查井。对于不散发有害气体或大量蒸汽的工业废水管道，在管道转弯、变径、改变坡度和连接支管处，可在建筑物内设检查井。在直线管段上，排除生产废水时，检查井的间距不得大于 30m；排除生产污水时，检查井的间距不得大于 20m。对于生活污水排水管道，在室内不宜设置检查井。室内检查井如图 2-19 所示。

（5）抽升设备：民用和公共建筑地下室，人防建筑、高层建筑地下技术层等污（废）水不能自流排出至室外，必须设置污水抽升设备以保持建筑物内的良好卫生。

（6）污水局部处理构筑物：当室外无生活污水或工业废水专用排水系统，而又必须对建筑物内所排出的污（废）水进行处理后才允许排入合流制作水系统或直接排入水体时；或有排水系统但排出污（废）水中某些物质危害下水道时，应在建筑物内或附近设置局部处理构筑物。

3. 室内排水系统的方式

室内排水系统有分流式和合流式两种方式。

（1）分流式：将生活污水、工业废水及雨水分别设置管道系统排出建筑物外，称为分流式排水系统。分流式排水系统的布置形式如图 2-20 所示。

（2）合流式：若将性质相近的污、废水管道组合起来合用一套排水系统，则称合流制排水系统。合流制排水系统的布置形式，如图 2-21 所示。

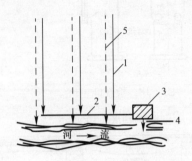

图 2-20　分流制排水系统的布置形式

1—污水干管；2—污水主干管；3—污水处理厂；4—出水口；5—雨水干管

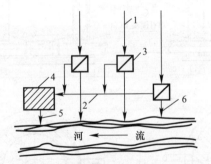

图 2-21　截流式合流制排水系统的布置形式

1—合流干管；2—截流主干管；3—溢流井；4—污水处理厂；5—出水口；6—溢流出水口

4. 屋面雨水排水系统

屋面雨水排水系统有外排水系统与内排水系统两大类。根据建筑结构形式、气候条件及生产使用要求，在技术经济合理的情况下，屋面雨水应尽量采用外排水系统排水。

（1）外排水系统：外排水系统可分为檐沟外排水和天沟外排水两种。

1）檐沟外排水（水落管外排水）。对一般的居住建筑、屋面面积较小的公共建筑及单跨的工业建筑，雨水多采用屋面檐沟汇集，然后流入外墙的水落管排至屋墙边地面或明沟内。若排入明沟，再经雨水口、连接管引到雨水检查井，如图 2-22 所示。水落管在民用建筑中多为镀锌铁（白铁）皮或混凝土制成，但近年来随着屋面形式及材料的革新，有的用预制混凝土制成。水落管用镀锌铁皮管、铸铁管、玻璃钢或 UPVC 管制作，截面为长方形或圆形（管径约为 100～150mm）。水落管设置间距应根据由降雨量及管道通水能力确定的一根水落管服务的屋面面积而定。按经验，水落管间距在民用建筑上为 8～16m 一根，工业建筑可为 18～24m 一根。

2）天沟外排水。对于大型屋面的建筑和多跨厂房，通常采用长天沟外排水系统排除屋面的雨雪水，天沟外排水是指利用屋面构造上所形成的天沟本身容量和坡度，使雨雪水向建筑物两端（山墙、女儿墙方向）泄放，并经墙外立管排至地面或雨水道。这种排水方式的优点是可消除厂房内部检查井冒水的问题，而且可减少管道埋深。但若设计不善或施工质量不佳，将会发生天沟渗漏的问题。

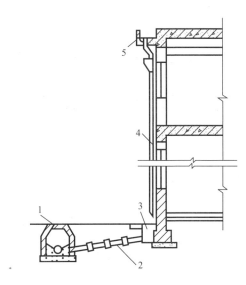

图 2-22　檐沟外排水
1—检查井；2—连接管；3—雨水口；4—水落管；5—檐沟

（2）内排水系统：内排水系统主要由雨水斗、悬吊管、立管、地下雨水沟管及清通设备等组成。图 2-23 所示为内排水系统结构示意图。对于屋面面积大的工业厂房，尤其是屋面有天窗、多跨度、锯齿形屋面或壳形屋面等的工业厂房，采用檐沟外排水或天沟外排水排除屋面雨水有较大困难，所以必须在建筑物设置雨水管系统。对建筑的立面处理要求较高的建筑物，也应设置室内雨水管系统。另外，对于高层大面积平屋顶民用建筑，均应采用内排水方式。

1）雨水斗。雨水斗的作用是极大限度地迅速排除屋面雨雪水，并将粗大杂物阻挡下来。为此，要求选用导水通畅、水流平稳、通过流量大、天沟水位低、水流中排气量小的雨水斗。目前我国常用的雨水斗有 65 型和 79 型，如图 2-24 所示。

2）悬吊管。当厂房内地下有大量机器设备基础和各种管线或其他生产工艺要求不允许雨水井冒水时，不能设计埋地横管，必须采用悬吊在屋架下的雨水管。悬吊管可直接将雨水经立管输送至室外的检查井及排水管网。悬吊管采用铸铁管，用铁箍、吊环等固定在建筑物的框架、梁和墙上。

此外，为满足水力条件及便于经常的维修清通，需有不小于 0.003 的坡度。在悬吊管的端头及长度大于 15m 的悬吊管，应装设检查口或带法兰盘的三通，其间距不得大于 20m，位置宜靠近柱、墙。

3）立管。雨水立管一般直沿墙壁或柱子明装。立管上应装设检查口，检查口中心至地面的高度一般为 1m。雨水立管一般采用铸铁管，用石棉水泥接口。在可能受到振动的地方采用焊接钢管焊接接口。

4）埋地横管与检查井。埋地横管与雨水立管的连接可用检查井，也可用管道配件。检查井的进出管道的连接应尽量使进管、出管之轴线成一直线，至少其交角不得小于 135°，在检查井内还应设置高流槽，以改善水流状态。埋地横管可采用混凝土或钢筋混凝土管，或带釉的陶土管。对室内地面下不允许设置检查井的建筑物，可采用悬吊管直接排出室外，或者用压力流排水的方式。检查井内设有盖堵的三通做检修用。

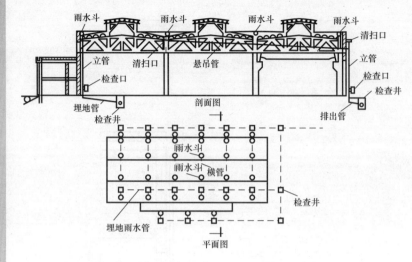

图 2-23　内排水系统示意图

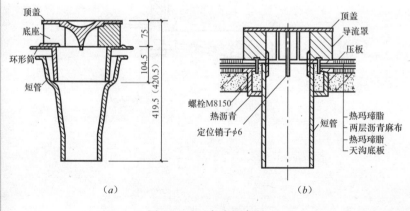

图 2-24　雨水斗组合图
（a）69 型雨水斗；（b）79 型雨水斗

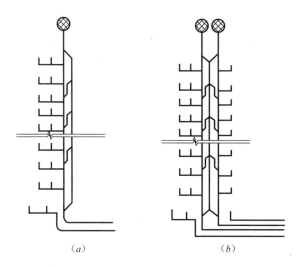

图 2-25 高层建筑专用通气立管系统
（a）合流排放专用通气管；（b）洗涤污水和粪便污水立管共用通气立管

5. 高层建筑室内排水系统

高层建筑物内部生活污水，按其污染性质可分为粪便污水和盥洗、洗涤污水两种。这两种污水可分流或合流排出。高层建筑室内排水系统有高层建筑专用通气立管系统和苏维脱排水系统两类。

（1）高层建筑专用通气立管系统：当建筑物的层数在 10 层及 10 层以上且承担的设计排水量超过排水立管允许负荷时，应设置专用通气立管，如图 2-25 所示。

此外，需要注意的是，专用通气立管管径一般比排水立管管径小一至两号。当洗涤污水立管和粪便污水立管两根立管共用一根专用通气立管时，专用通气立管管径应与排水立管管径相同。

（2）苏维脱排水系统：如图 2-26 所示为苏维脱排水系统，系统有气水混合器和气水分离器两个特殊部件。

1）气水混合器。如图 2-26（b）所示，气水混合器为一长 80cm 的连接配件，装置在立管与每根横支管相接处，气水混合器有三个方向可接入横支管，混合器的内部有一隔板，隔板上部有约 1cm 高的孔隙，隔板的设置使横支管排出的污水仅在混合器内右半部形成水塞，此水塞通过隔板上部的孔隙从立管补气并同时下降，降至隔板下，水塞立即被破坏而呈膜流沿立管流下。

2）气水分离器。如图 2-26（c）所示，气水分离器装置在立管底部转弯处。沿立管流下的气水混合物遇到分离器内部的凸块后被溅散，从而分离出气体，减少了污水的体积，降低了流速，使空气不致在转弯处受阻。此外，还将分离出来的气体用一根跑气管引到干管的下游，以防止立管底部产生过大正压。

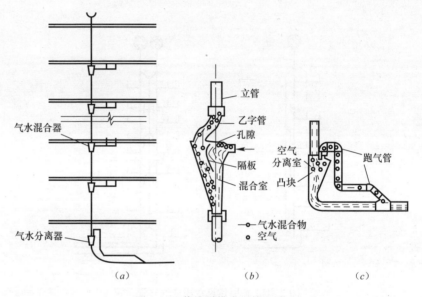

图 2-26 苏维脱排水系统组成
（a）苏维脱排水系统；（b）气水混合器；（c）气水分离器

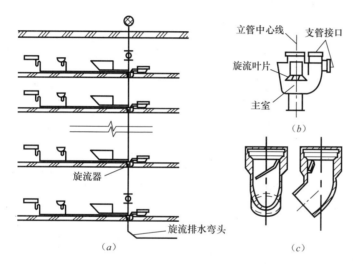

图 2-27 空气芯水膜旋流排水立管系统

(a) 排水系统；(b) 旋流器；(c) 旋流排水弯头

（3）空气芯水膜旋流排水立管系统：图 2-27 为空气芯水膜旋流排水立管系统，此系统广泛应用于 10 层以上的建筑物。

【**例 2-1**】 识读某商住楼室内给水系统图。

图 2-28 为某商住楼室内给水系统图，从图中可以看出：

（1）给水系统图的给水立管的编号与给水排水平面图中的系统编号相对应，据图中的标高线可知，本楼为六层。在给水立管上，在二、三层之间，设有一个止回阀，允许向上的水流通过，这样水箱就可供三～六层用水，并且可以保证水箱中的水在用水高峰时不会回流到城市供水管网中去。

（2）室外供水经由 DN32 管道引入，由三通引出各层水平支管，支管管径 DN20。支管上接有截止阀和水表各一个，这是每户进水总控制点和总计量点，然后接出 DN15 水龙头给洗涤盆、浴缸供水；管道下沉给坐便器供水；再用下进水的方式给洗面盆供水，之后，管径变为 DN15，并向上高起接出一个 DN15 的水龙头。

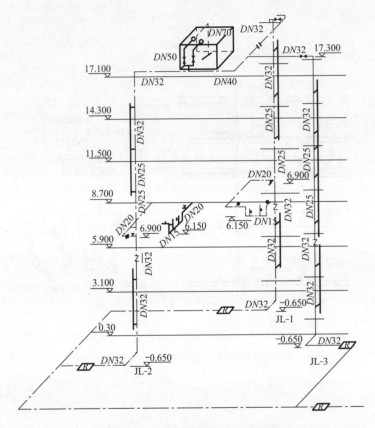

图 2-28 某商住楼室内给水系统图

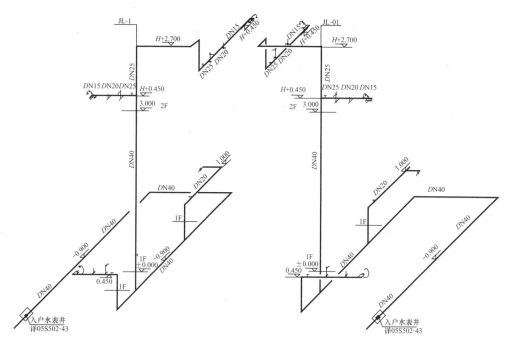

图 2-29　某别墅住宅给水系统图

【例 2-2】　识读某别墅住宅给水系统图。

图 2-29 为某别墅住宅给水系统图，从图中可以看出：

（1）从图中可以看到两户的给水分别由入户水表井引出的管径为 40 的引入管，标高为 -0.900m 从图形的左前方顺着①轴线墙和⑨轴线墙的外侧向上至 E 轴线墙交界处转向，再顺着 E 轴线墙外侧在与③轴线墙和⑦轴线墙交界处进入厨房及卫生间。

（2）进入厨房后分出一管径为 20 的立管上升至标高为 1.000m 处转向成向后再向左的水平支管终结为一放水龙头向厨房供水，在立管转向成水平支管的起端装有一截止阀。

（3）引入管进入卫生间后，先分出一编号为 JL-1 和 JL-01，管径为 40 的立管向上送入二层的主卫生间，同时再从引入管上分出一管径为 25 的立管上升至标高 "$H+0.450m$" 处转向成向左的水平支管，水平支管的起端装有一截止阀，后边依次有洗面盆的放水龙头、坐式大便器的冲水水箱及浴缸的放水龙头和淋浴喷头。

（4）在编号为 JL-1 和 JL-01，管径为 40 的立管向上进入二层的主卫生间后，在标高为高于二层楼面 0.450m 处转向成向左的管径为 25 的水平支管，其支管上的用水布置同一层卫生间；同时编号为 JL-1 和 JL-01 的立管在标高为高于二层楼面 0.450m 处，管径缩小为 25 直至标高为高于二层楼面 2.700m 处，转向右方从小卧室门洞上方通过后进入公卫，进入公卫后支管又向下降至标高为高于二层楼面 0.450m 处转向成向后的管径分段为 25、20、15 的水平支管，其支管上的用水设备布置同本层主卫生间。

【例 2-3】 识读某男生宿舍室内排水系统轴测图。

图 2-30 为某男生宿舍室内排水系统轴测图，从图中可以看出：

（1）污水及生活废水由用水设备流经水平管到污水立管及废水立管，最后集中到总管排出室外至污水井或废水井。

（2）排水管管径比较大，比如接坐便器的管径为 DN100，与污水立管 WL-1 相连的各水平支管均向立管找坡，坡度均为 0.020，各总管的管径分别为 DN75、DN150。

（3）系统图中各用水设备与支管相连处都画出了 U 形存水弯，其作用是使 U 形管内存有一定高度的水，以封堵下水道中产生的有害气体，避免其进入室内，影响环境。

（4）室内排水管网轴测图在标注内容时，应注意以下方面：

1）公称直径。管径给水排水管网轴测图，均应标注管道的公称直径。

2）坡度。排水管线属于重力流管道，因此各排水横管均需标注管道的坡度，一般用箭头表示下坡的方向。

3）标高。排水横管应标注管内底部相对标高值。

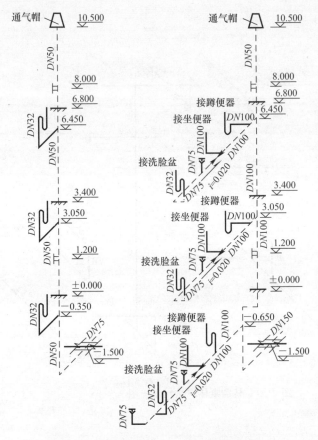

图 2-30 某男生宿舍室内排水系统轴测图

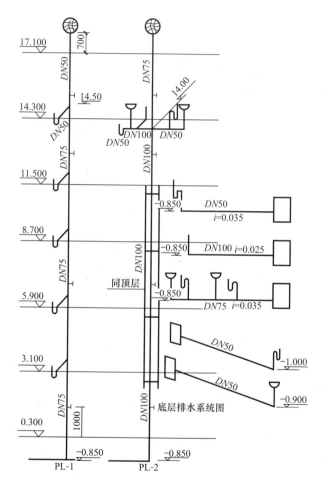

图 2-31　某商住楼 PL-1、PL-2 排水系统图

【例 2-4】　识读某商住楼排水系统图。

图 2-31 为某商住楼 PL-1、PL-2 排水系统图，从图中可以看出：

（1）图中的厨房污水排放系统 PL-1 中，立管管径均为 DN75。排水横支管在每层楼地面上方接入立管中，支管的端部带有一个 P 形存水弯，支管管径 DN50。

（2）PL-2 排水系统中，所有卫生器具的污水均通过支管排至立管中，立管管径 DN100。

（3）屋面以上通气管管径为 DN75，且高出屋面 700mm。

（4）底层卫生器具的污水单独排放。

【例 2-5】 识读某别墅住宅排水系统图。

图 2-32 为某别墅住宅排水系统图，从图中可以看出：

（1）两户的主卫中内径为 100 的排水立管 WL-1 和 WL-01 及客卫中内径为 100 的排水立管 WL-2 和 WL-02 伸出屋面 300 高处的顶端都设有一通气帽。

（2）二层的主卫、客卫中的排水横支管的标高为低于二层楼面 0.300m 处，排水横支管的端头是一清扫口，往后依次有洗面盆的存水弯、坐式大便器的排水管、地漏及浴缸的排水管，以上的排水都是通过排水横支管排入主卫的排水立管 WL-1 和 WL-01 及客卫中排水立管 WL-2 和 WL-02，再排至一层的卫生间及餐厅地面以下，再由坡度为 1‰ 的室内排水管排出室外到距外墙 3000 的室外排水管内，最后排至室外污水管网。

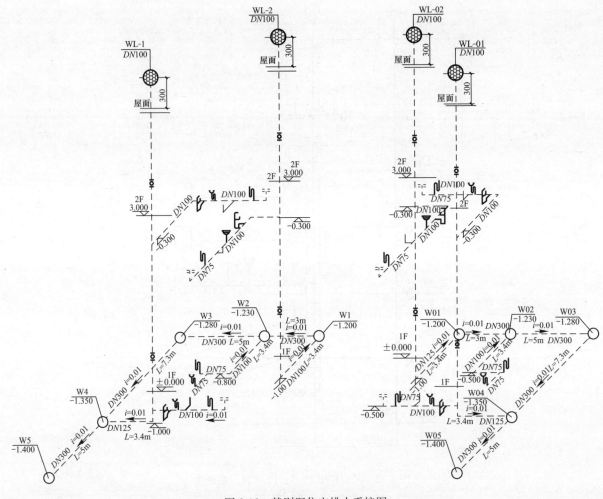

图 2-32　某别墅住宅排水系统图

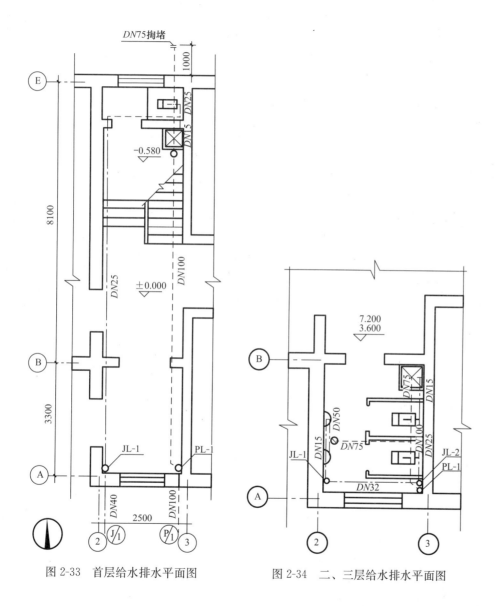

图 2-33　首层给水排水平面图

图 2-34　二、三层给水排水平面图

【例 2-6】　识读某办公楼室内给水排水平面图。

图 2-33 为首层给水排水平面图，图 2-34 为二、三层给水排水平面图，从图中可以看出：

（1）在该办公楼的三层中均设有厕所（其他房间无给水排水设施）。一层厕所位于楼梯平台之下，内设大便器 1 个，厕所外设 1 污水池。二、三层厕所位于楼梯对面，内设大便器两个、污水池 1 个、小便斗 2 个，均沿内墙顺次布置。一层厕所地面标高为 -0.580m，二、三层厕所地面标高分别为 3.580m 和 7.180m（均较本层地面低 0.020m）。

（2）根据底层管道平面图的系统索引符号可知给水系统有 J/1，排水系统有 P/1。

【例 2-7】 识读某办公楼室内给水排水系统图。

图 2-35 为给水和排水管道系统图，从图中可以看出：

（1）给水系统首先与底层平面图配合找出 J/2 管道系统的引入管。由图可知，引入管 DN40 是由轴线②处进入室内，于标高－0.30m 处分为两支，其中一支 DN25 进入一层厕所，出地面后设一控制阀门，然后在距地面 0.80m 处接出横支管至污水池上安装水龙头 1 个，在立管距地面 0.98m 处接出横支管至大便器上并安装冲洗阀门和冲洗管。另一支管 DN32 穿出底层地面沿墙直上供上层厕所，立管 DN32 在穿越二层楼面之前于标高 3.300m 处再分两支，其中一支沿外墙内侧接出水平横管 DN32 至轴线③处墙角向上穿越二、三层楼面，分别接出水平支管安装便器冲洗管和污水池水龙头，在每层立管上均设有控制阀门；另一支管 DN15 沿原立管向上穿越二、三层楼面，分别接出水平支管安装小便斗，小便斗连接支管和每层立管上均设有控制阀门。

（2）排水系统配合底层平面图可知本系统有一排出管 DN100 在轴线③处穿越外墙接出室外，一层厕所通过排水横管 DN100 接入排出管，二、三层厕所通过排水立管 PL-1 接入排出管，立管 PL-1 DN100 位于轴线③与Ⓐ的墙角处（可在各层平面图的同一位置找到）。二、三层厕所的地漏和小便斗（通过存水弯）由横管 DN75 连接，并排入连接污水池和大便器（通过存水弯）的横管 DN100，然后排入立管 PL-1。各层的污水横管均设在该层楼面之下。立管 PL-1 上端穿出层面的通气管的顶端装有铅丝球。在一层和三层距地面 1m 处的立管上各装一检查口。由于一层厕所距排出管较远，排水横管较长，故在排水横管另一端设一掏堵，以便于清通。

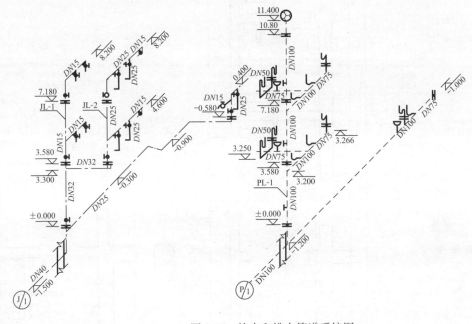

图 2-35　给水和排水管道系统图

2.2 识读室外给水排水工程施工图

2.2.1 室外给水排水施工图内容

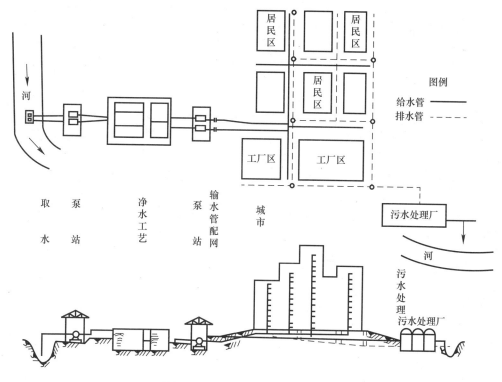

图 2-36 室外给水排水流程示意图

1. 给水排水流程示意图

室外给水排水流程示意图是用来表明一个城市、一个区域或一个厂区的给水与排水的来龙去脉，用简单的单线示意图表示。室外给水排水流程示意图，如图 2-36 所示。

给水排水流程示意图一般包括以下内容：

（1）水源有以地面水为水源和以地下水为水源两种类型。

（2）净水工艺中的主要设施主要有取水构筑物、泵站、沉淀池、滤池、清水池或水塔等。

（3）配水管网是从水厂输水管到厂区、居民区的给水管网。

（4）排水管网包括从居民区、工厂排出的污水或雨水、经污水管道或雨水管沟排到污水处理厂处理或直接排入河、湖等水体。

2. 给水排水管道总平面图

给水排水管道总平面图一般用来表明厂区或居民区室外给水及排水管道布置情况。图 2-37 所示为某小区给排水总平面布置图。

室外管网平面布置图是表达新建房屋周围的给排水管网的平面布置图。它包括新建房屋、道路、围墙等平面位置和给水与排水管网的布置。房屋的轮廓、周围的道路和围墙用中粗或细实线表示，给水与排水管网用粗实线表示；管径、管道长度、敷设坡度标注在管道轮廓线旁，并加注相应的符号；管道上的其他构配件，用图例符号表示，图中所用图例符号应在图上统一说明。

室外给水排水平面布置图的图示内容和识读要点：

（1）比例：室外给排水平面布置图的比例一般与建筑总平面图相同，常用 1：500、1：200、1：100，范围较大的小区也可采用 1：1000、1：2000。

（2）建筑物及道路、围墙等设施：在平面图中，原有房屋以及道路、围墙等设施，基本上按建筑总平面图的图例绘制。新建房屋的轮廓采用中粗实线绘制。

（3）管道及附属设备：一般把各种管道，如给水管、排水管、雨水管，以及水表（流量计）、检查井、化粪池等附属设备，都画在同一张平面图上。新建管道均采用单条粗实线表示，管径直接标注在相应的管线旁边；给水管一般采用铸铁管，以公称直径 DN 表示；雨水管、污水管一般采用混凝土管，则以内径 d 表示。水表、检查井、化粪池等附属设备则按图例绘制，应标注绝对标高。

（4）标高：给水管道宜标注管中心标高，由于给水管道是压力管，且无坡度，往往沿地面敷设，如敷设时统一埋深，可以在说明中列出给水管的中心标高。

（5）排水管道：排水管道应注出起讫点、转角点、连接点、交叉点、变坡点的标高。排水管应标注管内底标高。

（6）指北针、图例和施工说明：为便于读图和按图施工，室外给排水平面布置图中，应画出指北针，标明所使用的图例，书写必要的说明。

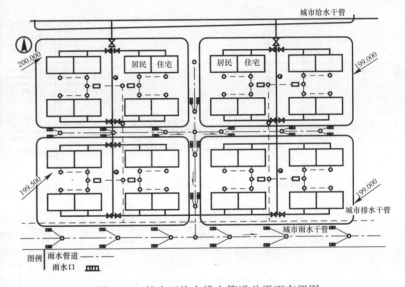

图 2-37　某小区给水排水管道总平面布置图

3. 给水排水管道纵剖面图

室外给水排水平面图只能表达各种管道的平面位置，而管道的深度、交叉管道的上下位置以及地面的起伏情况等，需要一个纵剖面图来表达，尤其是排水管道，因为它有坡度要求。图 2-38 是一段排水管道的纵剖面图。给水排水纵剖面内容和表达方法如下：

（1）查明管道、检查井的纵断面情况，有关数据均列在图纸下面的表格中，一般应标明设计地面标高、管底标高、管道埋深、坡度、检查井编号、检查井间距等内容。

（2）由于管道的尺寸长度方向比直径方向大得多，绘制纵剖面图时，纵横向采用不同的比例尺，水平距离比例尺一般为：城市或居民区 1∶5000 或 1∶10000；工厂 1∶1000 或 1∶2000；垂直距离比例尺一般为 1∶100 或 1∶200。

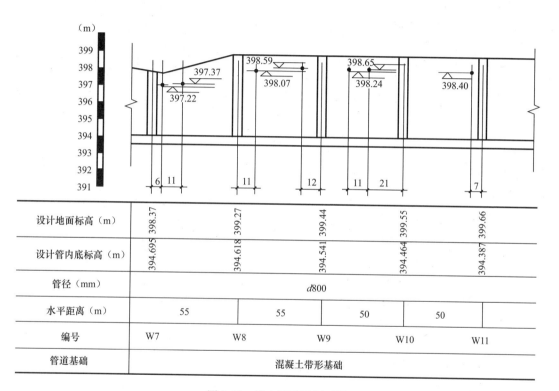

设计地面标高（m）	398.37	399.27	399.44	399.55	399.66
设计管内底标高（m）	394.695	394.618	394.541	394.464	394.387
管径（mm）	d800
水平距离（m）	55	55	50	50
编号	W7	W8	W9	W10	W11
管道基础	混凝土带形基础

图 2-38　排水管道纵剖面图

4. 详图

室外给水排水施工图中的平面图和系统图，反映了管道系统的布置情况，但管道节点、检查井、室外消火栓、阀门井、水塔水池构件、水处理设备及各种污水处理设备等仍需要详细的安装详图。

图 2-39 所示为防水套管安装详图。该图采用剖面图，沿管道的中心线剖切墙体套管和管道等。图中标注了墙体厚度、管道外径、套管的内外直径、翼环外径和厚度、翼环相对墙面的位置尺寸，同时采用引线标注了翼环、套管以及焊接符号、管套与管道间的填充材料的相关尺寸。一般常用的卫生器具及设备安装详图，可直接套用给水排水国家标准图集或有关的详图图集，而无需自行绘制。

对于不能套用国家标准图集或有关详图图集的则需自行绘制详图，如图 2-40 所示为自闭式冲洗坐式大便器安装详图。

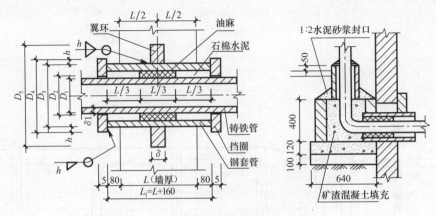

图 2-39 给水管道穿墙防漏套管安装详图

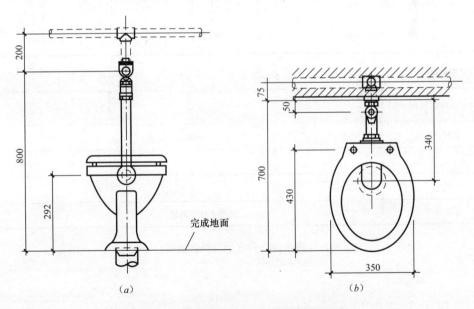

图 2-40 自闭式冲洗坐式大便器安装详图

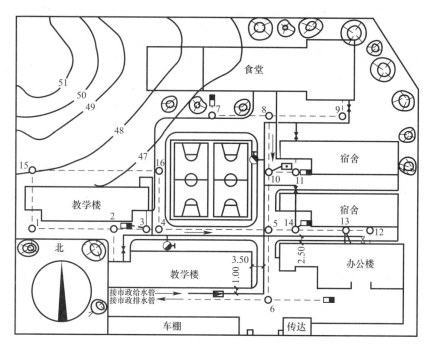

图 2-41 某学校室外给水排水管道总平面图（1:500）

【例 2-8】 识读某学校室外给水排水管道总平面图。

图 2-41 为某学校室外给水排水管道总平面图，从图中可以看出：

（1）该办公楼的给水管道从南面的原有引入管引入，管中心距教学楼南墙 1.00m，管径为 DN100，其上先接一水表井，井内装有总水表及总控制阀门，该管在距教学楼东墙 3.50m 处转弯，管径仍为 DN100，延伸至该办公楼北墙 2.50m 处转弯，管径为 DN50，其上接一根支管 DN50 至该办公楼。

（2）该办公楼的污水管道分别接入污水检查井 W-12 和 W-13，两检查井用 DN150 的管道连接，经管道 DN150 向西，后变径为 DN300 向南向西与市政管网相接。从图中可以看出，排水管从上游向下游越来越低，以利于污水的排出。

59

【例 2-9】 识读某街道室外给水排水施工图。

图 2-42 为某街道给水排水管网总平面图,图 2-43 为某街道污水干管纵断面图,从图中可以看出:

(1) 管网总平面图的内容包括街道下面的给水管道、污水管道、雨水管道、排水检查井及给水阀门井的平面位置、管径、管段长度及地面标高等。

(2) 管道纵断面图的内容包括检查井编号、高程、管径、坡度、地面标高、管底标高、水平距离及流量、流速和排水管的充满度等。通常将管道剖面画成粗实线,检查井、地面和钻井剖面画成中实线,其他分格线则采用细实线。还应注意不同管段之间设计数据和地质条件的变化。如 1 号检查井到 4 号检查井之间,干管设计流量 $Q = 76.9 \text{L/s}$,流速 $v = 0.8 \text{m/s}$,充满度 $h/D = 0.52$;1 号钻井自上而下土层的构造分别为:黏砂填土、轻黏砂、黏砂、中轻黏砂和粉砂。

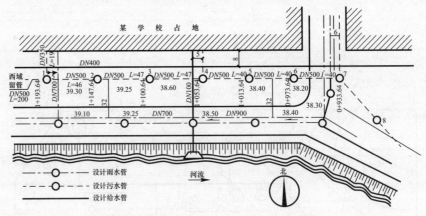

图 2-42 某街道给水排水管网总平面图

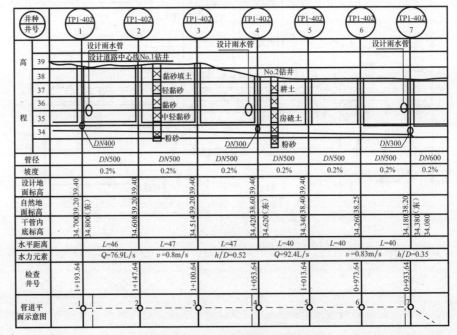

图 2-43 某街道污水干管纵断面图

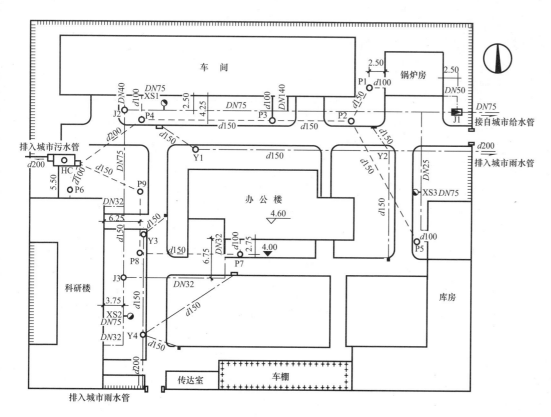

图 2-44　某办公楼室外给水排水平面图

【例 2-10】　识读某办公楼室外给水排水平面图。

图 2-44 为某办公楼室外给水排水平面图，从图中可以看出：

（1）给水系统：原有给水管道是从东面市政给水管网引入的管中心距离锅炉房 2.5m，管径为 DN75。其上设一水表 J1，内装水表及控制水阀。给水管一直向西再折向南，沿途分设支管分别接入锅炉房（DN50）、库房（DN25）、试验车间（DN40×2）、科研楼（DN32×2），并设置了三个室外消火栓。

新建给水管道则是由科研楼东侧的原有给水管阀门井 J3（预留口）接出，向东再向北引入新建办公楼，管径为 DN32，管中心标高 3.10m。

（2）排水系统：根据市政排水管网提供的条件采用分流制，分为污水和雨水两个系统分别排放。其中，污水系统原有污水管道是分两路汇集至化粪池的进水井。北路：连接锅炉房、库房和试验车间的污水排出管，由东向西接入化粪池（P5、P1-P2-P3-P4-HC）。南路：连接科研楼污水排出管向北排入化粪池（P6-HC）。新建污水管道是办公楼污水排出管由南向西再向北排入化粪池（P7-P8-P9-HC）。汇集到化粪池的污水经化粪池预处理后，从出水井排入附近市政污水管。

（3）雨水系统：各建筑物屋面雨水经房屋雨水管流至室外地面，汇合庭院雨水经路边雨水口进入雨水管道，然后经由两路 Y1-Y2 向东和 Y3-Y4 向南排入城市雨水管。

1. 室外给水工程的组成

室外给水工程是为了满足城乡居民及工业生产等用水需要而建造的工程设施，它所供给的水在水质、水量和水压方面应适应各种用户的不同要求，因此，室外给水工程的任务是从水源取水，并将其净化到所要求的水质标准后，经输配水管网系统送往用户。

（1）水源：给水水源可分为两大类，即地下水和地面水。地下水包括泉水、井水、喀斯特溶洞水等；地面水包括江水、河水、湖水、水库水等。

1）以地面水为水源的室外给水系统。以地下水为水源的给水系统，常用大口井或深管井等取水。如果地下水水质符合生活饮用水卫生标准，可省去水处理构筑物。其系统如图 2-45 所示。

2）以地表水为水源的室外给水系统。地表水是指存在于地壳表面、暴露于大气中如江、河、湖泊和水库等的水源。地表水易受到污染，含杂质较多，水质和水温都不稳定，但水量充沛。图 2-46 是以地表水为水源的给水系统，其与地下取水方式的系统相比较，组成比较复杂。

（2）取水工程：在河流岸边和湖泊水库岸边建造提取所需要的水量的构筑物，便是取水工程。取水工程主要包括取水头部、管道、水泵站建筑、水泵设备、配电及其他附属设备。

取水工程要解决的是从天然水源中取（集）水的方法以及取水构筑物的构造形式等问题。地下水取水构筑物的形式，与地下水埋深、含水层厚度等水文地质条件有关。管井是室外给水系统中广泛采用的地下水取水构筑物，常用管井的直径在 150～600mm 的范围，井深在 300m 以内，适用于取水量大，含水层厚度在 5m 以上，而埋藏深度大于 15m 的情况；大口井通常井径在 3～10m，井深在 30m 以内，适用于含水层较薄而埋藏较浅的情况；渗渠用于含水层更薄而埋藏更浅的情况。

2.2.2 识读室外给水工程施工图

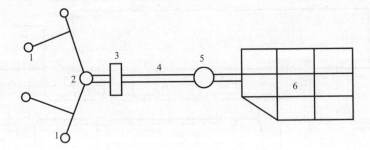

图 2-45 地下水源给水系统

1—管井；2—集水池；3—泵站；4—输水管；5—水塔；6—管网

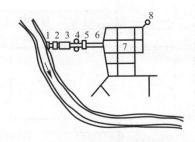

图 2-46 用地表水源的城市给水系统示意

1—取水构筑物；2—一级泵站；3—处理构筑物；4—清水池；
5—二级泵站；6—干管；7—管网；8—水塔

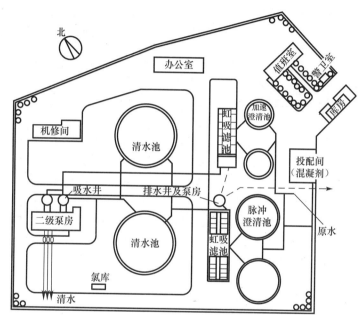

北

办公室

值班室

警卫室

库房

机修间

清水池

虹吸滤池

加速澄清池

投配间（混凝剂）

吸水井

排水井及泵房

原水

二级泵房

脉冲澄清池

清水池

虹吸滤池

氯库

清水

图 2-47　水厂平面布置图

（3）净水工程：净水工程是以地面为水源的生产水的工厂。由于江河湖水不仅浑浊，而且有各种细菌，无法直接应用于生活和生产，因此，必须经净水处理成满足生活和生产需要的水质标准。生产过程中需要建造净化设备，如加药设备、混合反应设备、沉淀过滤设备、加氯灭菌设备等。

地面水的净化工艺流程，应根据水源水质和用水对水质的要求确定。一般以供给饮用水为目的的工艺流程，主要包括四个部分，即混凝、沉淀、过滤及消毒。图 2-47 是以地面水为水源的自来水厂平面布置图例。它是由生产构筑物、辅助构筑物和合理的道路布置等组成。

（4）输配水工程：输配水工程通常包括输水管道、配水管网及调节构筑物等，净化后的水以足够的水量和水压输送给用水户，需要建筑足够数量的输水管道、配水管图和水泵站，建造水池和水塔等调节构筑物。地面水给水系统的组成如图2-48所示。

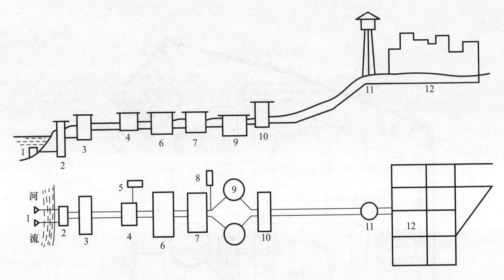

图 2-48　地面水源给水系统

1—取水头；2—取水建筑；3——级泵站；4—混合反应；5—加药；6—沉淀；7—过滤；
8—加氯；9—清水池；10—二级泵站；11—水塔；12—管网

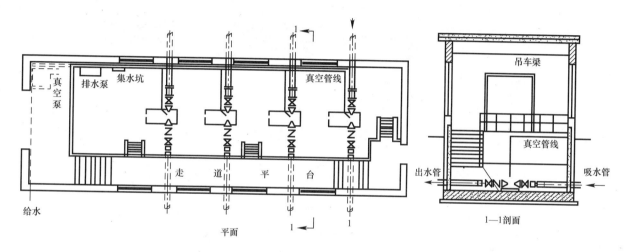

图 2-49　半地下室泵房

（5）泵站：泵站是将整个给水系统连为一体的枢纽，是确保给水系统正常运行的关键。在给水系统中，通常将水源的取水泵站称为一级泵站，而将连接清水池和输配水系统的送水泵站称为二级泵站。

泵站的主要设备有水泵及其引水装置、配套电机及配电设备和起重设备等。图 2-49 为一个设有平台的半地下室二级泵房平面及剖面图。

2. 室外给水管网的布置

室外给水管网在给水系统中占有非常重要的地位，其布置形式应根据城市规划、用户分布及用水要求，可布置成树枝状和环状管网。

（1）树枝状管网：树枝状配水管网管线同树枝一样，向水区伸展，它的管线总长度短，构造简单，投资较省，但当某处管道损坏时，则该处以后靠此管供水处将全部停水，因此供水可靠性差，如图2-50所示。

（2）环状管网：环状管网是指供水干管间互相连通而形成的闭合管路，如图2-51所示。但管线总长度比枝状管网长，管网中阀门多，基建投资相应增加。在实际工程中，往往将枝状管网和环状管网结合起来进行布置。可根据具体情况，在主要给水区采用环状管网，在边远地区采用枝状管网。不管枝状管网还是环状管网，都应将管网中的主干管道布置在两侧用水量较大的地区，并以最短的距离向最大的用水户供水。

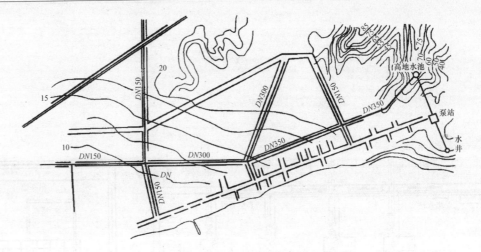

图 2-50　树枝状管网布置

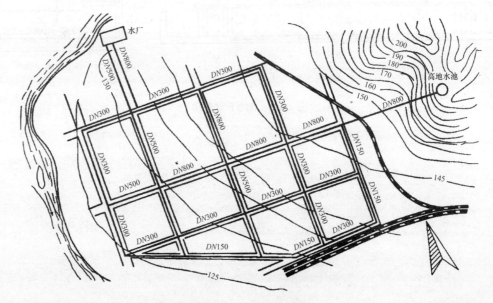

图 2-51　环状管网布置

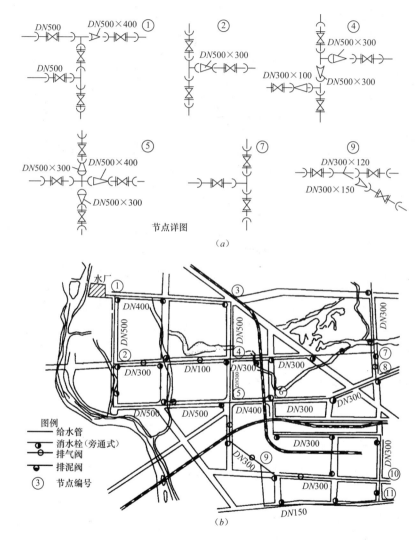

节点详图

（a）

图例

———— 给水管
⊙ 消水栓（旁通式）
⊙ 排气阀
⊙ 排泥阀
③ 节点编号

（b）

图 2-52 给水管网平面图

3. 管网施工图

（1）管网平面图：图 2-52 为一供水区管网施工平面图，每一管段纵断面图、管网节点详图、特殊条件下管道施工等均以此为依据，它是给水管网施工图中最重要的一张图纸。

管网平面施工图上主要注明的内容如下：

1）图纸所用的比例尺以及风向图。

2）供水区的地形、地貌、等高线、河流、高地、洼地等。

3）铁路布置、街区布置、主要工业企业平面位置。

4）主干管管网布置，管径和长度，消火栓、排气阀门、排水阀门和干管阀门布置。

67

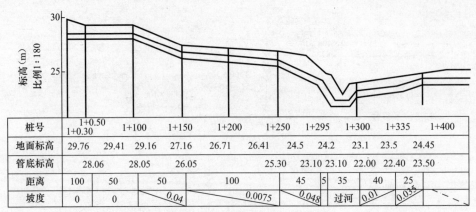

桩号	1+0.30 1+0.50		1+100	1+150	1+200	1+250	1+295	1+300	1+335	1+400
地面标高	29.76	29.41	29.16	27.16	26.71	26.41	24.5 24.2	23.1	23.5	24.45
管底标高	28.06		28.05	26.05			25.30	23.10 23.10	22.00	22.40 23.50
距离	100	50	50	100			45 5	35	40	25
坡度	0	0	0.04	0.0075			0.048	过河 0.01	0.035	

比例1:1000

（2）管网纵断面图：图 2-53 为输水管一段管道平面和纵断面图。水平方向的比例为 1∶100，竖向的比例为 1∶100。地面高程变化较大，管道基本是按地面自然坡度埋设的。

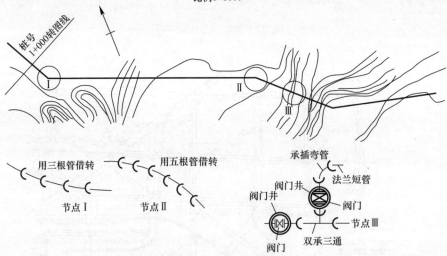

图 2-53 输水管纵断面施工图

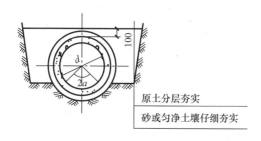

1. 适用于干燥土壤
2. 陶土管时 d≤450；承插混凝土管时 d≤600
3. 2a 按设计决定

（a）

1. 适用岩石或多石土壤
2. 陶土管时，d≤450；承插混凝土管时，d≤600

（b）

图 2-54　砂土基础

（a）弧形素土基础；（b）砂垫层基础

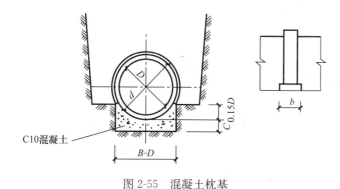

图 2-55　混凝土枕基

4. 附属构筑物施工图

（1）管道基础

1）砂土基础。砂土基础包括两种，即弧形素土基础及砂垫层基础，如图 2-54 所示。

图 2-54（a）弧形素土基础是在原土层上挖一弧形管槽，管子落在弧形管槽内。图 2-54（b）砂垫层基础是在挖好的弧形槽内铺一层粗砂，砂垫层厚度通常为 100～150mm。

2）混凝土基础。如图 2-55 所示为混凝土枕基，它是设置在管接口处的局部基础。

混凝土带形基础是沿管道全长铺设的基础。按管座形式可分为三种，即 90°、135°、180°。图 2-56 所示为 90°混凝土带形基础，施工时，先在基础底部垫厚度为 100mm 的砂砾石，然后在垫层上浇灌 C10 混凝土，混凝土带形基础的几何尺寸应按施工图要求确定。

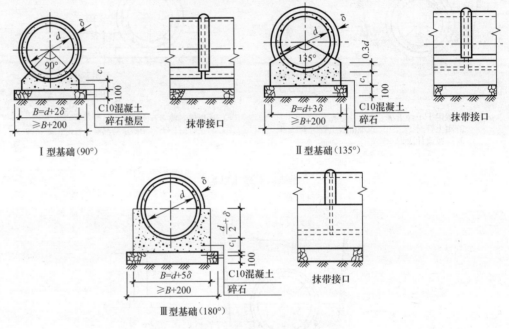

图 2-56　混凝土带形基础（单位：mm）

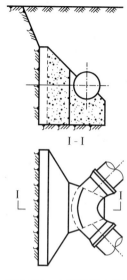

图 2-57 水平弯管支墩

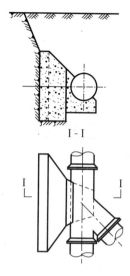

图 2-58 水平叉管支墩

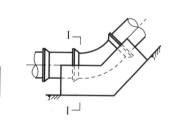

图 2-59 垂直向上弯管支墩

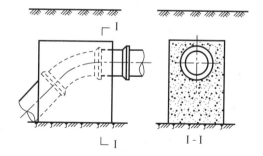

图 2-60 垂直向下弯管支墩

（2）支墩

图 2-57～图 2-60 为各种条件下支墩的构造图。

当管内水流通过弯头、丁字管等处产生的外推力比接口所承受的阻力大时，应设置支墩，管道直径大于 350mm 时，考虑选用支墩标准图设置支墩，小管径不设支墩，图中尺寸应根据管径的不同而有所变化，选用时可查阅标准图。

（3）管道跨越河道

输水管道在通过河道时的跨越形式可分为两种，即河底穿越和河面跨越。

1）水下敷设倒虹管。图 2-61 为水下给水管道倒虹管。

倒虹管一般设成两条，按一条停止工作，另一条仍能通过设计流量考虑。确定倒虹管路线时，应尽可能与障碍物正交通过，并应在河床和河岸稳定，不易被水冲刷的地段及埋深较小的部位敷设。

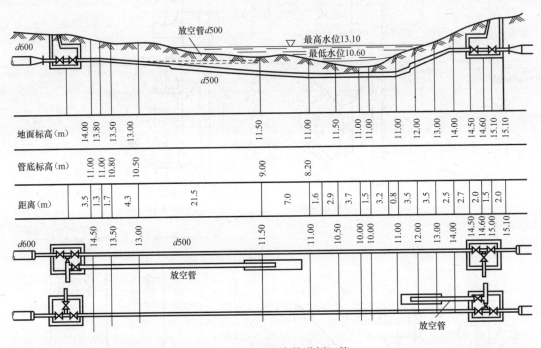

图 2-61　水下给水管道倒虹管

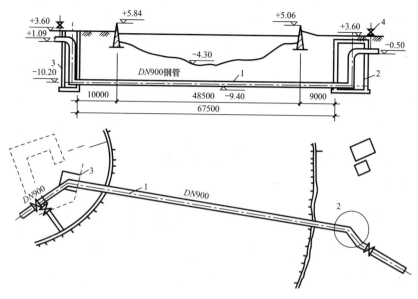

图 2-62 顶进压力输水倒虹钢管
1—DN900 钢管；2—顶管井；3—联结井；4—排气阀

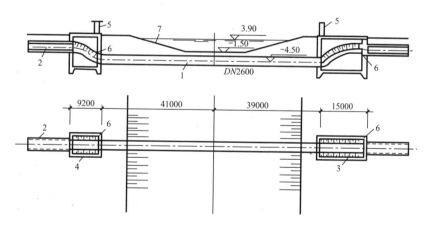

图 2-63 顶进低压输水倒虹钢管
1—DN2600 钢管；2—3000×2500 渠道；3—顶管井；4—连结井；5—透气孔；6—流槽；7—河床断面

　　图 2-62 为采用钢管的压力输水倒虹管布置。为暗渠输水时，采用钢管顶管过河的倒虹管布置，如图 2-63 所示。

2) 河面敷设架空管。

图 2-64 为给水管道在已有或新建桥梁上敷设。图 2-64 (a) 为将管吊在桥下施工图；图 2-64 (b) 是将管敷设在人行道的管沟内施工图。

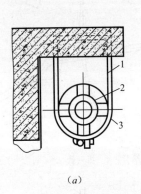
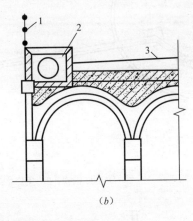

（a）　　　　　　　　（b）

图 2-64　敷设于桥梁上的给水管

（a）钢筋混凝土桥下吊管；1—吊环；2—钢筋；3—垫木

（b）桥上人行道下管沟；1—人行道；2—管沟；3—车行道

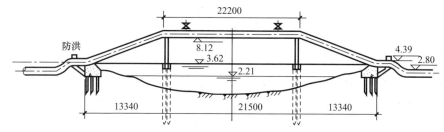

图 2-65 支墩敷设管道过河施工图

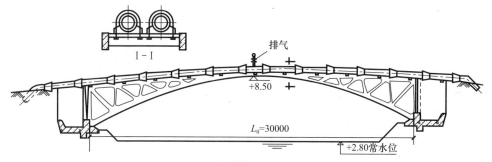

图 2-66 桁架敷设管道施工图

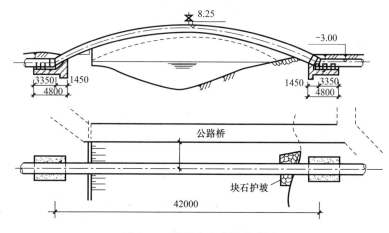

图 2-67 钢管自身成拱形过河

图 2-65 为建造支墩敷设管道过河施工图。图 2-66 为建造桁架敷设管道施工图。图 2-67 为利用钢管自身设计成拱形过河施工图。

【例 2-11】 识读某学生宿舍给水管道系统图。

图 2-68 为某学生宿舍给水管道系统图，从图中可以看出：

（1）一般从室外引入管开始，按照其水流流程方向，依次为引入管、水平干管、立管、支管、卫生器具；如有水箱，则要找出水箱的进水管，再从水箱的进水管、水平干管、立管、支管、卫生器具依次识读。

（2）例如底层给水管道系统⊕。首先与底层管道平面图配合识读，找出⊕管道系统的引入管。从图中可以看出，室外引入管为 $DN50$，其上装一阀门，管中心标高为 -0.800m；$DN50$ 的进水管进入男厕所后，在墙内侧穿出底层地面（-0.020m）作为立管 JL-1（$DN40$）。在 JL-1 标高为 2.380m 处接一根沿⑨轴墙 $DN25$ 的支管，其上连接大便器冲洗水箱两个。在 JL-1 标高为 -0.300m 处接一根 $DN50$ 的管道同厕所北墙平行，穿墙后在女厕所墙角处穿出底层地面作为 JL-2（$DN50$）。在 JL-2 标高为 2.380m 处接出支管，其中一支上接小便槽的冲洗水箱，另一支上连接大便器的冲洗水箱并沿⑦轴墙进入盥洗室，降至标高为 1.180m，其上接四个水龙头。

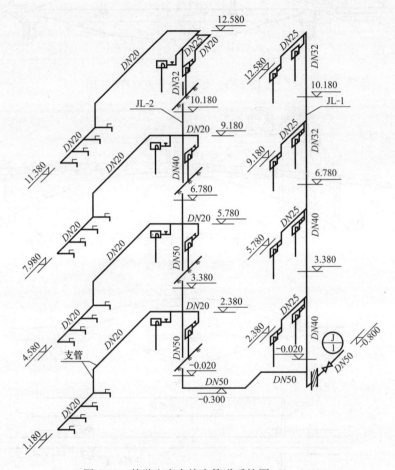

图 2-68　某学生宿舍给水管道系统图（1：100）

2.2.3 识读室外排水工程施工图

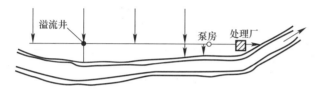

图 2-69 合流制排水系统图

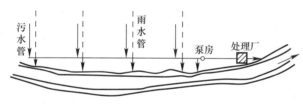

图 2-70 分流制排水系统图

1. 室外排水系统体制

室外排水工程是将建筑物内排出的生活污水、工业废水和雨水有组织地按一定的系统汇集起来，经处理符合排放标准后再排入水体，或灌溉农田，或回收再利用。

（1）室外排水体制的分类：生活污水、工业废水和雨水是采用同一个管道系统来排除，或是采用两个或两个以上各自独立的管道系统来排除，这种不同排除方式所形成的排水系统称作排水体制。排水体制一般分为合流制与分流制两种类型。

1）合流制。合流制是将生活污水、工业废水和雨水排泄到同一个管渠内的系统，如图 2-69 所示。其特点是将其中的污水和雨水不经过处理就直接就近排入水体，由于污水未经处理即排放出去，常常使得受纳水体受到严重的污染。

2）分流制。分流制排水系统如图 2-70 所示。分流制排水系统是将生活污水、工业废水和雨水分别在两个或两个以上各自独立的管渠内排除的系统。排除生活污水、工业废水或城市污水的系统称为污水排水系统；排除雨水的系统称为雨水排水系统。其优点是污水能得到全部处理；管道水力条件较好；可分期修建。主要缺点是降雨初期的雨水对水体仍有污染。我国新建城市和工矿区多采用分流制。对于分期建设的城市，可先设置污水排水系统，待城市发展成型后，再增设雨水排水系统。

（2）室外排水体制的选择：排水体制的选择是一项很复杂很重要的工作，应根据城市及工矿企业的规划、环境保护的要求、污水利用的情况、原有排水设施、水质、水量、地形、气象和水体等条件，从全局出发，在满足环境保护的前提下，通过技术经济比较，综合考虑确定，条件不同的地区，也可采用不同的排水体制。

2. 室外排水管道接口形式

室外排水管道接口主要有水泥砂浆抹带接口、钢丝网水泥砂浆抹带接口、承插口水泥砂浆接口以及沥青砂柔性接口四种形式。

(1) 水泥砂浆抹带接口：水泥砂浆抹带接口，一般适用于雨水管道接口，如图 2-71 所示。从图中可以看出，水泥砂浆抹带接口时，抹第一道砂浆时，应使管缝在管带范围居中，厚度约为带厚的 1/3，并压实使之与管粘结牢固，在表面划出线槽，待第一层砂浆初凝后抹第二层，用弧形抹子捋压成形。

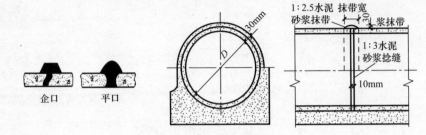

图 2-71　水泥砂浆抹带接口

(2) 钢丝网水泥砂浆抹带接口：钢丝网水泥砂浆抹带接口形式如图 2-72 所示。从图中可以看出，用钢丝网水泥砂浆抹带接口时，钢丝网留出搭接长度，搭接长度不小于 100mm。钢丝网一般为 20 号 10mm×10mm 钢丝网，绑丝为 20 号或 22 号镀锌绑丝。抹第一层砂浆时应压实，与管壁粘牢，厚 15mm 左右，待底层砂浆稍凉有浆皮后将两片钢丝网包拢使其挤入砂浆浆皮中，用绑丝扎牢，同时要把所有的钢丝网头向下折塞入网内，保持网表面平整。第一层水泥砂浆初凝后，再抹第二层水泥砂浆，抹带完成后立即养护。

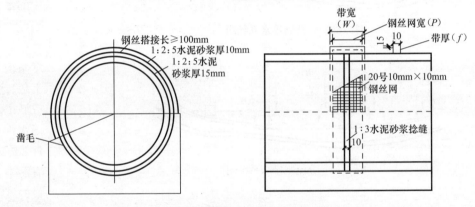

图 2-72　钢丝网水泥砂浆抹带接口（尺寸单位：mm）

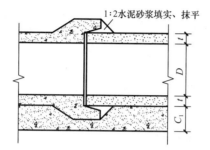

图 2-73 承插口水泥砂浆接口

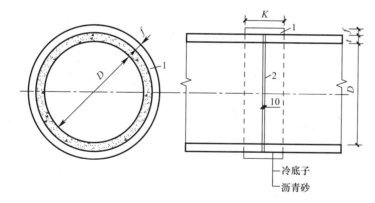

图 2-74 沥青砂浆接口

1—沥青砂浆管带；2—1：3 水泥砂浆；D—管直径；f—沥青砂浆厚；K—沥青砂浆层宽

（3）承插口水泥砂浆接口：承插口水泥砂浆接口，如图 2-73 所示。用承插口水泥砂浆接口时，承口下部坐满 1：2 水泥砂浆。安装第二节管接口缝隙用 1：2 水泥砂浆填捣密实，口部抹成斜面。

（4）沥青砂柔性接口：沥青砂浆接口形式如图 2-74 所示。

【例 2-12】 识读某新建办公楼室外排水管道纵断面图。

图 2-75 为某新建办公楼室外排水管道纵断面图，从图中可以看出：

（1）此段新建排水管道采用混凝土基础，设计地面标高为 4.00m，管段编号分别为 P7、P8、P9、HC，P7 段排水管道管径 $d=100$，设计管内底标高为 3.30m，管段水平距离为 2.00m，管径坡度 $i=0.02$；P8 段排水管道管径 $d=150$，设计管内底标高为 3.07m，管段水平距离为 16.00m，管径坡度 $i=0.01$；P9 段排水管道管径 $d=150$，设计管内底标高为 2.97m，管段水平距离为 10.00mm，管径坡度 $i=0.01$；HC 段排水管道管径 $d=150$，设计管内底标高为 2.66m，管段水平距离为 11.00m，管径坡度 $i=0.01$。

（2）同时还表明了与排水管道相交叉的雨水管（标高 3.30m）和给水管（标高 3.10m）的相对位置关系。

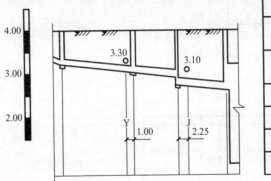

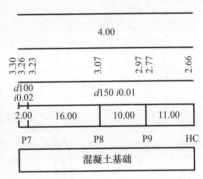

图 2-75 某新建办公楼室外排水管道纵断面图

2.2.4 识读小区给水排水工程施工图

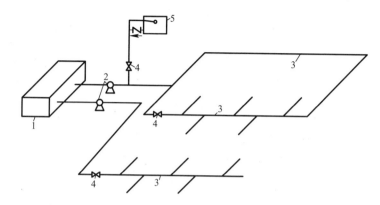

图 2-76 小区给水系统组成

1—水处理站；2—水泵站；3—小区给水管网；4—阀门；5—水塔

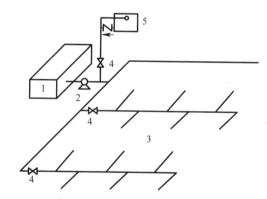

图 2-77 小区枝状管网原理图

1—水处理站；2—水泵；3—小区给水管网；4—阀门；5—水塔

1. 小区给水系统的组成

小区给水系统一般是由水源、水处理构筑物、小区给水管网、调蓄调压设备等组成，如图 2-76 所示。

（1）小区给水水源：水源可分为江、河、湖、水库等地表水源和地下潜水、承压水和泉水等的地下水源及市政管网给水。城镇中的居住小区，给水水源取自城镇给水管网，远离城镇工厂的居住小区采用其他水源，其给水一般由厂矿供给。采用其他水源的水质应满足国家《生活饮用水卫生标准》GB 5749—2006。严重缺水地区亦可采用中水作为杂用水水源，作为冲厕及浇洒道路、绿化等用水。

（2）小区给水管网：小区给水系统管道按规划设计要求常埋于地下，沿道路和平行于建筑而敷设，按其管网的布置方式分类如下：

1）枝状网的布置是由水源至用水点管网形成树枝状，适用于小区规模较小，用水安全程度要求较低的系统，如图 2-77 所示。

2）环状网的布置是将整个小区给水管网连接成环形网格，这种布置形式，适用于小区规模较大，对用水安全程度要求较高的系统，如图2-78所示。

3）枝环组合式网，是将小区的部分用水管网布置成环状网（中心区），小区的边远部分给水管网布置成枝状，如图2-79所示。

（3）水处理设施：根据水源情况所选择的处理工艺，有物理处理设施，如混凝池、沉淀池、过滤池；生化处理设施如厌氧池、好氧池、接触氧化池；深度处理设施如砂滤罐、活性炭过滤罐、膜过滤器；消毒设备如臭氧消毒装置、氯气消毒装置、二氧化氯消毒装置、紫外线消毒等。

（4）调蓄加压设施：调蓄加压设施有水池、水塔、水泵、气压水罐等，用于储水加压用。

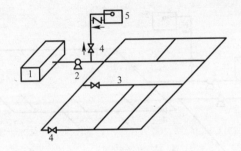

图 2-78　小区环状管网原理图

1—水处理站；2—水泵；3—小区给水管网；4—阀门；5—水塔

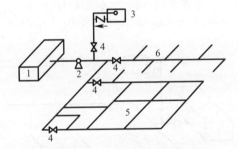

图 2-79　小区混合状管网原理图

1—水处理站；2—水泵；3—水塔；4—阀门；5—小区给水管网；6—枝状给水管网

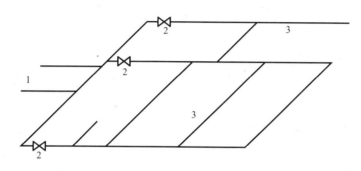

图 2-80 直接给水方式图

1—引入管；2—阀门；3—小区给水管网

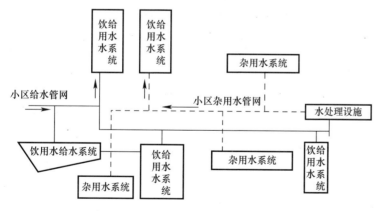

图 2-81 分质给水方式图

2. 小区管网给水方式

居住小区给水方式是根据居住小区内各建筑物的用水量、水压和水质的不同使用要求，以及建筑规划管理要求，划分小区的给水系统。按照小区管网运行方式分为直接给水、分质给水、分压给水等方式。

（1）直接给水方式：直接给水方式是从城镇供水管网直接供水的方式，即当供水水压、水量能满足小区用水点用水要求时，利用水塔或屋顶水箱调蓄调压供水可满足小区用水点高峰用水要求时，可直接利用市政管网的水量、水压的供水方式，如图 2-80 所示。

（2）分质给水方式：分质给水方式就是将饮用水系统作为小区主体供水系统，供给小区居民生活用水，而另设管网供应低品质水作为非饮用水的系统，作为主体供水系统的补充。分质供水的水质一般可分为杂用水、生活用水和直饮水三种，如图 2-81 所示。

（3）分压给水方式：分压给水方式是在高层无论是生活给水还是消防给水都需要对给水系统增压，才能满足用户使用要求，所以应该采用分压给水系统。其中高层建筑部分给水系统应根据高层建筑的数量、分布、高度、性质、管理和安全等情况，经技术经济比较后确定采用调蓄增压给水系统的方式。分压给水系统又可分为分散调蓄增压、分片集中调蓄增压，如图 2-82 所示。

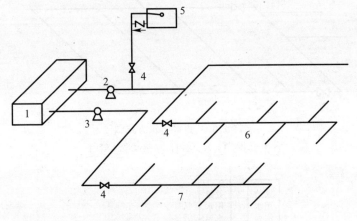

图 2-82　分压给水方式图

1—水池；2—高区水泵；3—低区水泵；4—阀门；5—高区水箱；6—高区给水管网；7—低区给水管网

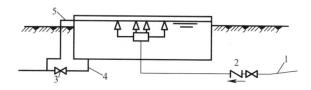

图 2-83　直流给水系统原理图

1—进水管；2—水泵；3—阀门；4—排出管；5—溢流管

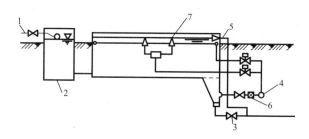

图 2-84　循环系统原理图

1—进水管；2—集水井；3—排水管控制阀；4—排出管；5—溢流管；6—循环水泵；7—喷头

3. 小区水景给水系统

水景常见的给水系统有直流系统和循环系统两种。

（1）直流系统：为了节省能量、简化装备，如果水景用水量小，其水源的供水可满足使用要求，可采用直流方式，如图 2-83 所示。水源一般采用城市给水管网供水，也可采用再生水作为景观水源，使用后由水池溢流排入雨水或排水管中。

（2）循环系统：对于大型水景观或喷泉，由于用水量较大，喷水所需压力较高，城市供水不能满足需要。为了节省用水，可以采用循环用水系统，即喷射后的水流回集水池，然后由水泵加压供喷水管网循环使用，平时只需补充少量的损失水量，如图 2-84 所示。

4. 喷泉及常用喷头形式

（1）喷泉的形式：喷泉的种类和形式很多。大体上可分为普通装饰性喷泉、与雕塑结合的喷泉、水雕塑及自控喷泉四类，如图 2-85 所示。

1）普通装饰性喷泉。由各种普通的水花图案组成的固定喷水型喷泉。

2）与雕塑结合的喷泉。喷泉的各种喷水花型与雕塑、水盘、观赏柱等共同组成景观。

3）水雕塑。用人工或机械塑造出各种抽象的或具象的喷水水形，其水形呈某种艺术性"形体"的造型。

4）自控喷泉。是利用各种电子技术，按设计程序来控制水、光、音、色的变化，从而形成变幻多姿的奇异水景。

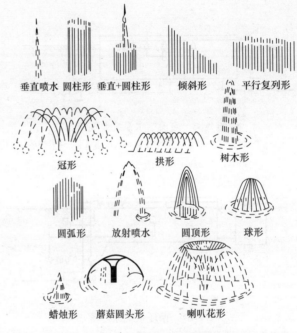

图 2-85 常见喷泉的形式

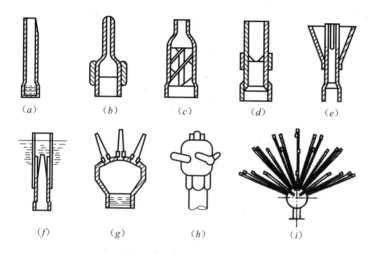

图 2-86 常用喷头的形式

(a) 直流式喷头；(b) 可转式喷头；(c) 旋转式喷头（水雾喷头）；(d) 环隙式喷头；
(e) 散射式喷头；(f) 吸气（水）式喷头；(g) 多股喷头；(h) 回转喷头；(i) 多层多股球形喷头

（2）喷头的形式：喷头的种类和形式很多，大体上可分为直流式、旋流式、环隙式、散射式、吸气（水）式、组合式等几种。常见的喷头形式如图 2-86 所示。

5. 游泳池给水系统

（1）游泳池给水系统的方式：游泳池是供人们娱乐、运动的场所，可进行游泳、跳水等项目的场地。游泳池给水系统的分类方式如下：

1）按供水方式可分为定期换水、直流供水、循环供水。

① 定期换水方式如图 2-87 所示，这种方式是每隔一定时间将池水放空再换新水，一般 2～3d 换一次，每天清除池底和池表面的脏物并加以消毒。

② 直流供水方式如图 2-88 所示，这种方式是连续地向池内补水，一般补水量为池内容积的 15%～20%。使用过的水从溢流口和泄水口排出。每天应清除池底和池面的污物并消毒。

③ 循环供水方式如图 2-89 所示，这种系统专设净化设备，池内水循环使用，并可进行加热、消毒等，因此系统较复杂。

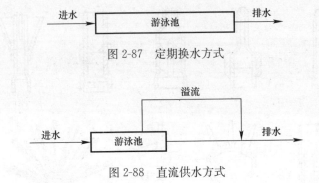

图 2-87 定期换水方式

图 2-88 直流供水方式

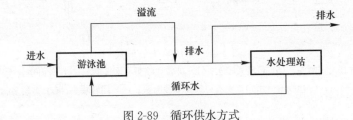

图 2-89 循环供水方式

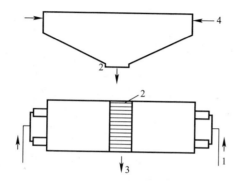

图 2-90 顺流循环方式

1—给水口；2—排水口；3—排水管；4—泳池

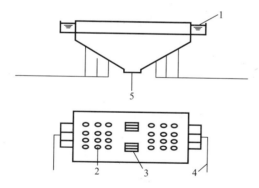

图 2-91 逆流式循环方式

1—溢水口；2—给水口；3—排水口；4—给水管；5—排水管

2）按循环方式分为顺流循环方式、逆流循环方式、混合式循环方式。

① 顺流循环方式如图 2-90 所示，这种方式一般是从水池上部两端对称进水，底部回水。

② 逆流式循环方式如图 2-91 所示，这种方式在池底均匀布置给水口，循环系统从池底向上供水，周边溢流回水。这种方式配水均匀，利于表面除污，具有池底不积污的优点。

③ 混合式循环方式如图 2-92所示，这种方式是水从底部和两端进水，从两侧溢流回水。

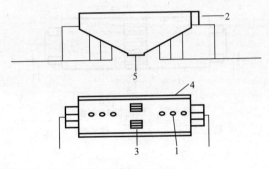

图 2-92　混合式循环方式

1—给水口；2—泄水口；3—溢流口；4—排出口；5—排水管

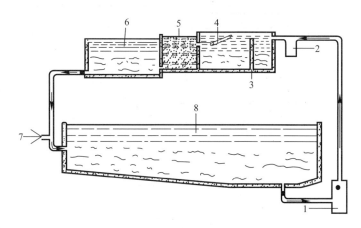

图 2-93 循环过滤系统

1—水泵；2—消毒药品混合井；3—消力墙；4—浮子进水装置；5—过滤池；6—消水池；7—自来水；8—游泳池

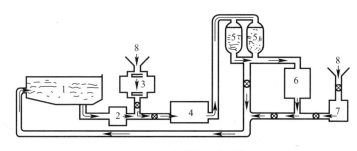

图 2-94 过滤罐过滤系统

1—游泳池；2—毛发捕捉器；3—消毒剂；4—水泵；5—过滤罐；6—加热器；7—加氯器；8—自来水

（2）池水过滤系统及过滤设备的选择：

1）游泳池水过滤系统。池水过滤系统有循环过滤系统、过滤罐过滤系统两种方式。

① 循环过滤系统。循环过滤池系统是由水泵将池水从池底抽出送入消毒药品的混合井，经过消力墙、浮子进水装置流入过滤池，经过滤进入清水池，再将水送回游泳池使用。循环过滤池系统如图 2-93 所示。

② 过滤罐过滤系统。过滤罐过滤系统是由游泳池、毛发捕捉器、消毒剂施放器、电机水泵、过滤罐、加热器、加氯器等设备组成。过滤罐过滤系统如图 2-94 所示。过滤罐过滤系统具有占地面积小、机械化程度高、过滤效果好等特点，适合于场地狭窄的室内游泳馆安装使用。过滤罐过滤系统，基本上同过滤池过滤系统。不同的是过滤池是钢筋水泥结构，过滤罐全部是钢结构，附设加热设备。

2）过滤设备的选择。游泳池过滤设备如图 2-95 所示。

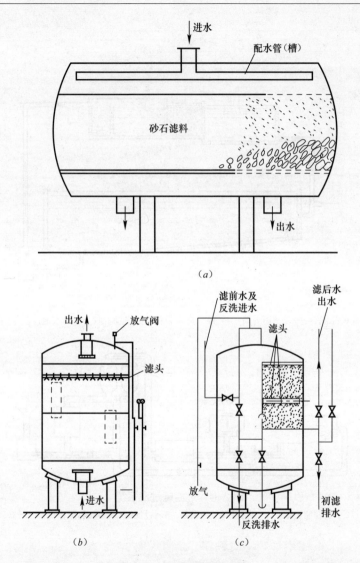

图 2-95　游泳池过滤设备

（a）砂石滤料卧式压力过滤罐；（b）轻质滤料单向压力过滤罐；（c）轻质滤料双向压力过滤罐

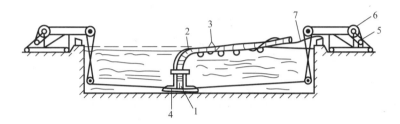

图 2-96 半自动机械化吸尘排污系统

1—潜水泵；2—出水管；3—漂浮物；4—吸污盘；5—拖动电机；6—绞车；7—电源线

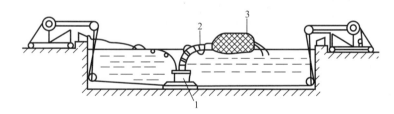

图 2-97 带有过滤袋的吸尘排污装置

1—吸污盘；2—出水管；3—过滤袋

（3）游泳池排污系统：

1）半自动机械化吸尘排污系统。半自动机械化吸尘排污系统工作情况示意如图 2-96 所示，吸尘排污设备包括潜水泵及水管、吸污盘和拖动部分。

① 潜水电泵及排污水管。潜水电泵分为电机和水泵两大部分。水泵安装在电机上部，进水导壳固定在机座上。电泵接上 380V 电源后，转子转动带动叶轮，叶轮对水产生压力后通过进水导壳、导向器、出水管而流出。潜水电泵流量一般应为 25~60t/h。潜水电泵的规格应与吸污盘的尺寸配套。使用离心水泵需要灌引水，而使用潜水电泵则不需要灌引水，较为方便，而且水管为压力出水管，可采用钢丝胶皮管或消防用的帆布软管。

② 吸污盘。吸污盘结构的大小与其排水量的速度有关。

③ 拖动架。电动机拖动架是半自动机械化吸尘排污设备中主要部分之一。电动机拖动架拖动吸污盘的速度与排水量有密切的关系，在其结构制造方面应考虑到操作方便和稳定性。

2）游泳池吸尘排污装置。带有过滤袋的吸尘排污装置，如图 2-97 所示。它的设备、操作顺序、操作注意事项基本上同半自动机械化吸尘排污法。不同的是在出水口增加了一个过滤袋。吸尘排污时，混凝后的沉淀物通过吸污盘、胶管直接排入过滤袋过滤后，自动流回游泳池内。

2.3 识读建筑消防给水系统施工图

1. 消火栓给水系统的组成

消火栓给水系统在建筑物内广泛使用，主要用于扑灭初期火灾。它主要由消火栓设备、消防水源、消防给水管道、消火栓及消防箱组成，如图 2-98 所示。

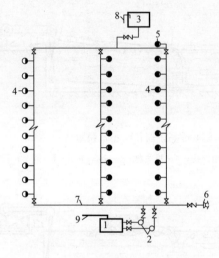

图 2-98　消火栓给水系统的组成

1—消防水池；2—水泵；3—高位水箱；4—消防栓；5—试验消防栓；
6—水泵接合器；7—消防干管；8—给水管；9—引入管

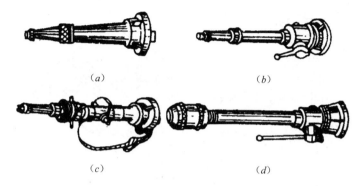

图 2-99 直流水枪的形式

（a）直流水枪；（b）直流开关水枪；（c）直流开花水枪；（d）直流喷雾水枪

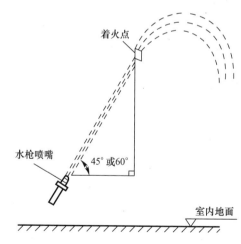

图 2-100 水枪充实水柱示意图

（1）消火栓设备：消火栓设备是消火栓给水系统中重要的灭火装置，是消火栓系统终端用水的控制装置，其主要由水枪、水带、消火栓组成。

1）水枪。水枪是重要的灭火工具，用铜、铝合金或塑料组成，作用是产生灭火需要的充实水柱，图 2-99 为直流水枪的形式，图 2-100 为水枪充实水柱示意图。

2）消火栓是具有内扣式接头的角形截止阀，它的进水口端与消防立管相连，出水口端与水带相连，图 2-101 为单出口室内消火栓。

（2）消防水箱：消防水箱的作用是满足扑救初期火灾时的用水量和水压要求。消防水箱一般设置在建筑物顶部，采用重力自流的供水方式以确保消防水箱在任何情况下都能自流供水。消防水箱宜与生活或生产高位水箱合用，目的在于保证水箱内水的流动。消防水池与生活水箱合用时，应采取消防用水不被动用的措施，见图 2-102。

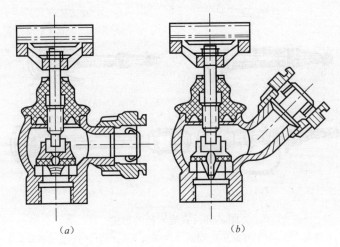

图 2-101　单出口室内消火栓
（a）直角单出口式；（b）45°单出口式

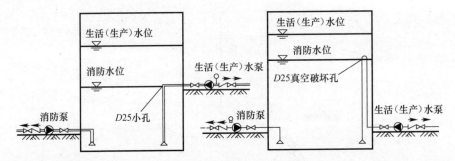

图 2-102　消防与生活合用水箱时消防用水不被动用的措施

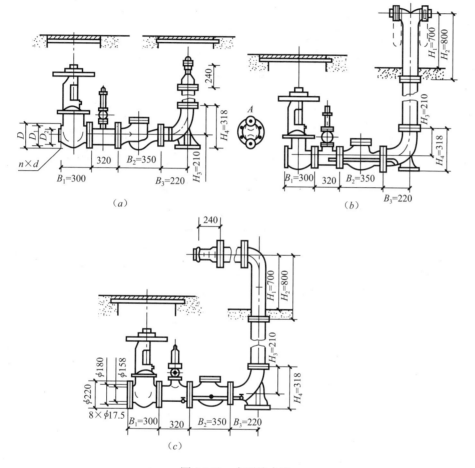

图 2-103　水泵接合器

（a）地下式水泵接合器；（b）地上式水泵接合器；（c）墙壁式水泵接合器

（3）消防管道：消防管道主要包括引入管、消防干管、消防立管以及相应阀门等的管道配件。引入管与室外给水管连接，将水引至室内消防系统。室内消防给水管道应布置成环状，当室内消火栓数量少于 10 个，且室内消防用水量小于 15L/s 时可采用枝状管网。室内消防给水环状管网的进水管或引入管不应少于两根，当其中一根发生故障时，其余的进水管或引入管应能保证消防用水量和水压的要求。

（4）水泵接合器：水泵接合器是连接消防车向室内消防给水系统加压供水的装置，是应急备用设备，水泵接合器的一端与室内消防给水管道连接，另一端供消防车向室内消防管道供水，有地上、地下和墙壁式三种，如图 2-103 所示。水泵接合器的型号与基本参数见表 2-1，基本尺寸见表 2-2。

水泵接合器型号和基本参数 表 2-1

型号规格	形式	公称直径（mm）	公称压力（MPa）	进水口	
				形式	口径（mm）
SQ100 SQX100 SQB100	地上 地下 墙壁	100			65×65
SQ150 SQX150 SQB150	地上 地下 墙壁	150	1.6	内扣式	80×80

水泵接合器的基本尺寸 表 2-2

公称管径（mm）			100	150
结构尺寸		B_1	300	350
		B_2	350	480
		B_3	220	310
		H_1	700	700
		H_2	800	800
		H_3	210	325
		H_4	318	465
法兰		l	130	160
		D	220	285
		D_1	180	240
		D_2	158	212
		d	17.5	22
		n	8	8
消防接口			KWS_{65}	KWS_{80}

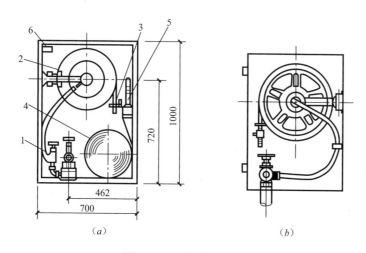

图 2-104　消防水喉设备

(a) 自救式小口径消火栓设备；(b) 消防软管卷盘

1—小口径消火栓；2—卷盘；3—小口径直流开关水枪；4—φ65 输水衬胶水带；5—大口径直流水枪；6—控制按钮

（5）消防水喉：在设有空气调节系统的旅馆、办公大楼内，通常在室内消火栓旁还应配备一支自救式的小口径消火栓（消防水喉），这种水喉设备对扑灭初期火星非常有效。消防水喉设备如图 2-104 所示。

（6）增压设备：消火栓给水系统的加压设备采用水泵，消防系统中设置的水泵称为消防泵。消防水泵用于满足消防给水所需的水量和水压。

（7）屋顶消火栓：屋顶消火栓即试验用消火栓，供消火栓给水系统检查和试验之用，以确保消火栓系统随时能正常运行。

2. 消火栓给水方式

（1）直接供水的消火栓给水方式：直接供水的消火栓给水方式系统由引入管、阀门、给水立管、消火栓、试验消火栓、水泵接合器及消防干管组成，如图 2-105 所示。

直接供水的消火栓给水方式适用于室外管网所提供的水量、水压，在任何时候均能满足室内消火栓给水系统所需水量、水压的情况。

（2）设水箱的消火栓给水方式：设水箱的消火栓给水系统主要由室内消火栓、消防竖管、干管、进户管、水表、止回阀、普通管及阀门、水箱、水泵接合器及安全阀组成，如图 2-106 所示。

在水压变化较大的城市或居住区，宜采用单设水箱的室内消火栓给水系统。当生活、生产用水量达到最大，室外管网无法保证室内最不利点消火栓的压力和流量时，由水箱出水满足消防要求；而当生活、生产用水量较小，室外管网压力又较大时，可向高位水箱补水。这种方式管网应独立设置，水箱可以与生活、生产合用，但必须保证贮存 10min 的消防用水量，同时还应设水泵接合器。

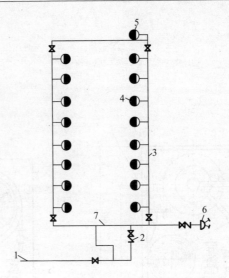

图 2-105　直接供水的消火栓给水原理图

1—引入管；2—阀门；3—给水立管；4—消火栓；5—试验消火栓；6—水泵接合器；7—消防干管

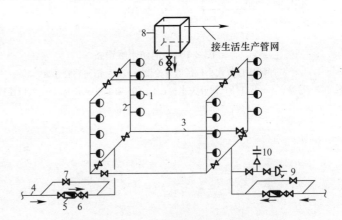

接生活生产管网

图 2-106　设水箱的消火栓给水方式

1—消火栓；2—消防竖管；3—干管；4—进户管；5—水表；6—止回阀；7—普通管及阀门；8—水箱；9—水泵接合器；10—安全阀

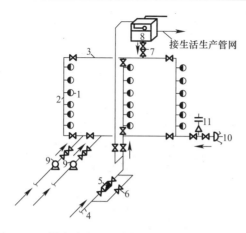

图 2-107　设有消防泵和水箱的室内消火栓给水系统

1—消火栓；2—消防竖管；3—干管；4—进户管；5—水表；6—弯通管及阀门；
7—止回阀；8—水箱；9—水泵；10—水泵接合器；11—安全阀

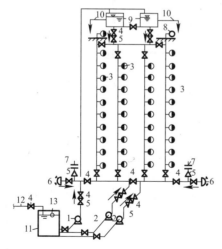

图 2-108　不分区消火栓给水系统

1—生产水泵；2—消防水泵；3—按钮；4—阀门；5—止回阀；6—水泵接合器；7—安全阀；
8—屋顶消火栓；9—高位水箱；10—生活、生产管网；11—贮水池；12—城市管网；13—浮水阀

（3）设有消防泵和水箱的消火栓给水方式：当室外管网的压力和流量经常不能满足室内消防给水系统所需的水量和水压时，宜采用设有消防水泵和水箱的消火栓给水系统，该系统主要由室内消火栓、消防竖管、干管、进户管、水表、弯通管及阀门、止回阀、水箱、水泵、水泵接合器及安全阀组成，如图 2-107 所示。消防用水与生活、生产用水合并的室内消火栓给水系统，其消防泵应保证供应生活、生产、消防用水的最大秒流量，并应满足室内管网最不利点消火栓的水压。水箱应贮存 10min 的消防用水量。

（4）不分区消火栓给水方式：不分区消火栓给水系统主要由生活、生产水泵，消防水泵，消火栓和水泵远距离启动按钮、阀门、止回阀、水泵接合器、安全阀、屋顶消火栓、高位水箱，至生活、生产管网，贮水池，城市管网及浮水阀组成，如图 2-108 所示。

建筑高度大于 24m 但不超过 50m，室内消火栓栓口处静水压力超过 0.8MPa 的工业与民用建筑室内消火栓灭火系统，仍可得到消防车通过水泵接合器向室内管网供水，以加强室内消防给水系统工作，系统可采用不分区的消火栓灭火系统。

（5）分区供水的消火栓给水方式：分区供水的消火栓给水系统主要由生活、生产水泵、Ⅱ区消防泵、Ⅰ区消防泵、消火栓及远距离启动水泵按钮、阀门、止回阀、水泵接合器、安全阀、Ⅰ区水箱、Ⅱ区水箱、屋顶消火栓、生活、生产管网口、水池及城市管网组成，如图2-109所示。

建筑高度超过50m或室内消火栓栓口处，静压大于0.8MPa时，消防车已难于协助灭火，室内消防给水系统应具有扑灭建筑物内大火的能力。为了加强供水安全和保证火场供水，宜采用分区供水的消火栓给水系统。

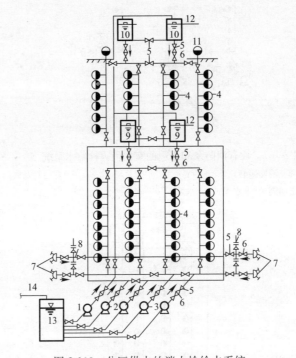

图2-109　分区供水的消火栓给水系统

1—生活、生产水泵；2—Ⅱ区消防泵；3—Ⅰ区消防泵；4—水泵按钮；
5—阀门；6—止回阀；7—水泵接合器；8—安全阀；9—Ⅰ区水箱；10—Ⅱ区水箱；
11—屋顶消火栓；12—生活、生产管网口；13—水池；14—城市管网

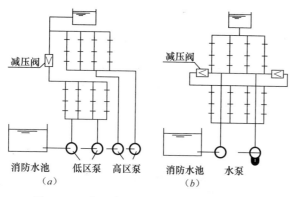

图 2-110　高层建筑消防给水系统的分区方式

(a) 消防泵分区方式；(b) 减压阀分区方式

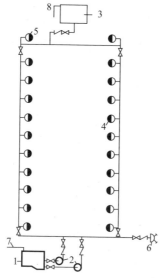

图 2-111　高层建筑不分区消防供水方式

1—水池；2—消防水泵；3—水箱；4—消火栓；

5—试验消火栓；6—水泵接合器；7—水池进水管；8—水箱进水管

（6）高层建筑消防给水系统的分区方式：消防给水系统分为消防泵分区 ［图 2-110 (a)］和减压阀分区 ［图 2-110 (b)］两种方式，采用减压阀分区时，宜采用比例式减压阀，阀前阀后均应设压力表，且不超过两个分区，每个分区的减压阀不得少于两组。

（7）高层建筑不分区消防供水方式：高层建筑不分区消防供水系统主要由水池、消防水泵、水箱、消火栓、试验消火栓、水泵接合器、水池进水管、水箱进水管组成，如图 2-111 所示。水箱的设置高度应满足最不利点消火栓或喷头所需的压力。

不分区的系统即整栋建筑采用一个消防给水系统，供各层消防设备用水。

（8）高层建筑并联分区消防供水方式：高层建筑并联分区消防供水系统主要由水池、Ⅰ区消防水泵、Ⅱ区消防水泵、Ⅰ区水箱、Ⅱ区水箱、Ⅰ区水泵接合器、Ⅱ区水泵接合器、水池进水管、水箱进水管组成，如图2-112所示。

并联供水方式适用于分区数在3个分区以下，且允许设置高位水箱的建筑中。

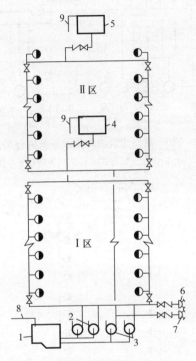

图 2-112　高层建筑并联分区消防供水方式

1—水池；2—Ⅰ区消防水泵；3—Ⅱ区消防水泵；4—Ⅰ区水箱；
5—Ⅱ区水箱；6—Ⅰ区水泵接合器；7—Ⅱ区水泵接合器；
8—水池进水管；9—水箱进水管

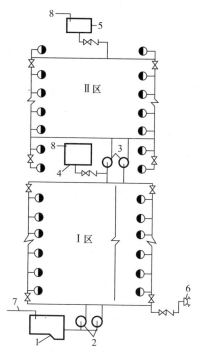

图 2-113　高层建筑串联分区消防供水方式

1—水池；2—Ⅰ区消防水泵；3—Ⅱ区消防水泵；4—Ⅰ区水箱；

5—Ⅱ区水箱；6—水泵接合器；7—水池进水管；8—水箱进水管

（9）高层建筑串联分区消防供水方式：高层建筑串联消防供水系统主要由水池、Ⅰ区消防水泵、Ⅱ区消防水泵、Ⅰ区水箱、Ⅱ区水箱、水泵接合器、水池进水管、水箱进水管组成，如图 2-113 所示。

串联供水方式适用于建筑高度大于 100m 的高层建筑中。

（10）设稳压泵的高层建筑消防供水方式：设稳压泵的建筑高层消防供水系统主要由水池、Ⅰ区消防水泵、Ⅱ区消防水泵、稳压泵、Ⅰ区水泵接合器、Ⅱ区水泵接合器、水孔进水管、水箱、气压罐组成，如图 2-114 所示。

水箱设置高度不能满足最不利点消火栓或喷头所需的压力时，采用设稳压泵的消防供水方式，须在系统中设增压或稳压设备。

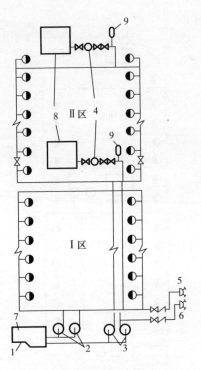

图 2-114　设稳压泵的高层建筑消防供水方式

1—水池；2—Ⅰ区消防水泵；3—Ⅱ区消防水泵；4—稳压泵；5—Ⅰ区水泵接合器；
6—Ⅱ区水泵接合器；7—水孔进水管；8—水箱；9—气压罐

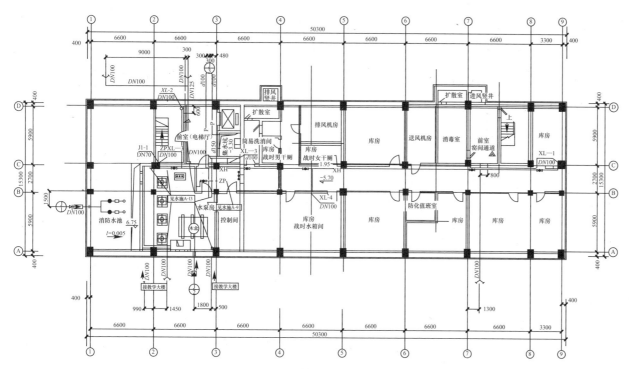

图 2-115　某建筑地下一层消火栓给水平面图

【例 2-13】　识读某建筑地下一层消火栓给水平面图。

图 2-115 为某建筑地下一层消火栓给水平面图，从图中可以看出：

（1）室内标高为－5.70，沿轴线②布置有两台消防水泵，设有 4 个消火栓系统立管 XL-1、XL-2、XL-3、XL-4，消火栓立管 XL-1 设在走廊内平面图上部，即轴线⑨和轴线©相交点，XL-2 设在沿轴线②布置的楼梯间的右侧靠外墙处，并接入消火栓箱，XL-3 设在沿轴线©设置的楼梯间的管道井内，XL-4 设在沿轴线⑧设置的战时水箱间内。4 个消防立管通过横支管分别与布置在走廊上部位置的消火栓横干管连接。

（2）平面图中还表示系统布置 2 个水泵接合器，一个从水平横干管距轴线⑦1300mm 处接出一与轴线⑦平行的管道，穿过外墙轴线Ⓐ接水泵接合器，另一个水泵接合器的引出点在轴线②和轴线③之间。

1. 室内热水供应系统的组成

如图 2-116 所示，热水供应系统主要由热媒系统（包括热源、水加热管和热媒管网）、热水供水系统（包括热水配水管网和回水管网）和附件（包括蒸汽、热水的控制附件及管道的连接附件，如：温度自动调节、疏水器、减压阀、安全阀、膨胀罐、管道补偿器、闸阀、水嘴）等三大部分。热媒系统也称第一循环系统，工作时，由锅炉生产的蒸汽通过热媒管网送到水加热器加热冷水，经过热交换蒸汽变成冷凝水，靠余压送到凝结水池，冷凝水和新补充的软化水经循环泵送回锅炉再加热成蒸汽。如此循环完成热的传递作用。热水供水系统也称第二循环系统，工作时，被加热到一定温度的热水，从水加热器出来，经配水管网送到各个热水配水点，而水加热器的冷水由屋顶水箱或给水管网补给。为保证各用水点随时都有规定水温的热水，在立管和水平干管甚至支管上设置回水管，使一定量的热水在管道中循环流动，以补充管网所散失的热量。

2.4 识读室内热水供应系统施工图

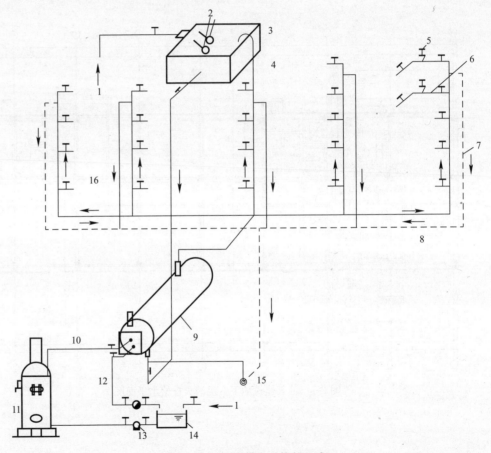

图 2-116 热水供应系统的组成

1—冷水；2—浮球阀；3—给水箱；4—透气管；5—配水龙头；6—配水支管；7—回水立管；8—回水干管；9—加热器；10—蒸气管；11—锅炉；12—凝结水管；13—凝结水泵；14—凝结水池；15—热水循环水泵；16—配水立管

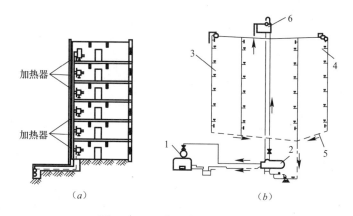

图 2-117　局部和集中热水供应

（*a*）局部热水供应；（*b*）集中热水供应

1—锅炉；2—热交换器；3—输配水管网；4—热水配水点；5—循环回水管；6—冷水箱

2. 室内热水供应系统的分类

室内热水供应系统按照热水供应范围分为局部热水供应系统、集中热水供应系统和区域性热水供应系统三类。

（1）局部热水供应系统是采用各种小型加热设备在用水场所就地加热，供局部范围内的一个或几个用水点使用的热水系统。局部热水供应系统适用于热水用水点少、热水用水量较小且较分散的建筑。图 2-117（*a*）为局部热水供热系统示意图。

（2）集中热水供应系统是利用加热设备集中加热冷水后通过输配系统送至一幢或多幢建筑中的热水配水点，为保证系统热水温度需设循环回水管，将暂时不用的部分热水再送回加热设备。图 2-117（*b*）为集中热水供应系统。

（3）区域性热水供应系统以集中供热热力网中的热媒为热源，由热交换设备加热冷水，然后经过输配系统供给建筑群各热水用水点使用。这种系统热效率最高，但一次性投资大，有条件的应优先采用。

3. 室内热水供应系统原理图

室内热水系统供应方式有局部热水供应方式、集中热水供应方式及区域性热水供应方式三种。

（1）局部热水供应系统原理图：局部热水供应方式有炉灶加热、小型单管快速加热、汽-水直接混合加热、管式太阳能热水装置四种。

1）炉灶加热方式。它是利用炉灶炉膛余热加热水的供热方式。它适用于单户或单个房间（如卫生所的手术室）需用热水的建筑，其基本组成有加热套管或盘管、储水箱及配水管等三部分，如图 2-118（a）所示。

2）小型单管快速加热和汽-水直接混合加热方式。小型单管快速加热用的蒸汽可利用高压蒸汽也可利用低压蒸汽。采用高压蒸汽时，蒸汽的表压不宜超过 0.25MPa，以避免发生意外的烫伤人体事故。混合加热一定要使用低于 0.07MPa 的低压锅炉。这两种局部热水供应方式的缺点是调节水温困难，如图 2-118（b）、（c）所示。

3）管式太阳能热水器的供应方式。它利用太阳照向地球表面的辐射热，将保温箱内盘管或排管中的冷水加热后，送到贮水箱或贮水罐以供使用。这是一种节约燃料且不污染环境的热水供应方式，但在冬季日照时间短或阴雨天气时效果较差，需要备有其他热源和设备使水加热，如图 2-118（d）所示。

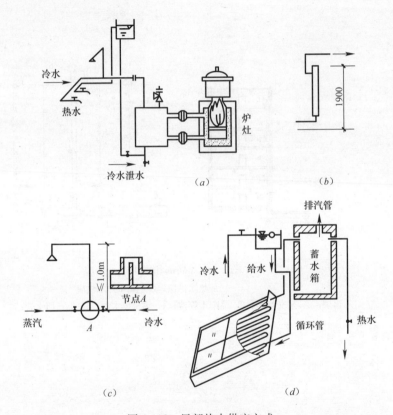

图 2-118　局部热水供应方式

（a）炉灶加热；（b）小型单管快速加热；（c）汽-水直接混合加热；（d）管式太阳能热水装置

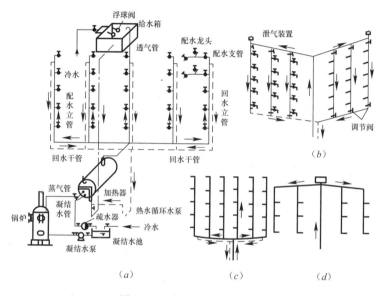

图 2-119　集中热水供应方式

(a) 下行上给式全循环管网；(b) 上行下给式全循环管网；

(c) 下行上给式半循环管网；(d) 上行下给式管网

（2）集中热水供应系统原理图：集中热水供应方式有下行上给全循环供水方式、上行下给式全循环管网方式、干管下行上给半循环管网方式、不设循环管道的上行下给管网方式四种方式。

1）下行上给全循环供水方式。干管下行上给全循环供水方式，由两大循环系统组成，图 2-119（a）为干管下行上给全循环供水方式。

① 第一循环系统。锅炉、水加热器、凝结水箱、水泵及热媒管道等构成第一循环系统，其作用是制备热水。

② 第二循环系统。主要由上部贮水箱、冷水管、热水管、循环管及水泵等构成，其作用是输配热水。锅炉生产的蒸汽，经蒸汽管进入容积式水加热器的盘管，把热量传给冷水后变为冷凝水，经疏水器与凝结水管流入凝结水池，然后用凝结水泵送入锅炉加热，继续产生蒸汽。冷水自给水箱经冷水管从下部进入水加热器，热水从上部流出，经敷设在系统下部的热水干管和立管、支管分送到各用水点。为了能经常保证所要求的热水温度，设置了循环干管和立管，以水泵为循环动力，使热水经常循环流动，不致因管道散热而降低水温。该系统适用于热水用水量大、要求较高的建筑。

2）上行下给式全循环管网方式。把热水输配干管敷设在系统上部，此时循环立管是由每根热水立管下部延伸而成。这种方式，一般适用在五层以上，并且对热水温度的稳定性要求较高的建筑。因配水管与回水管之间的高差较大，往往可以采用不设循环水泵的自然循环系统。图 2-119（b）为上行下给式全循环管网方式示意图。这种系统的缺点是不便维护和检修管道。

3）下行上给半循环管网方式。干管下行上给半循环管网方式，适用于对水温的稳定性要求不高的五层以下建筑物，比全循环方式节省管材。图 2-119（c）为下行上给半循环管网方式示意图。

4）不设循环管道的上行下给管网方式。不设循环管道的上行下给管网方式，适用于浴室、生产车间等建筑物内。这种方式的优点是节省管材，缺点是每次供应热水前需排泄掉管中冷水。图 2-119（d）为不设循环管道的上行下给管网方式示意图。

（3）区域热水供应系统原理图：区域热水供应方式如图 2-120 所示。水在区域性锅炉房或热交换站集中加热，通过市政热水管网输送至整个建筑群、城市街道或整个工业企业的热水供应系统。

区域性热水供应方式，除热源形式不同外其他内容均与集中热水供应方式无异。室内热水供应系统与室外热力网路的连接方式同供暖系统与室外热网的连接方式。

（4）高层建筑热水供应系统原理图：高层建筑热水系统同冷水系统一样应采用竖向分区供水，如图 2-121 所示。高层建筑热水系统主要有集中设置加热设备的供水系统、减压分区供水系统、分区设置加热设备的供水系统三种方式。

1）集中设置加热设备的供水系统。图 2-122 为容积式水加热的供水系统。各区的加热设备集中设置在建筑底层或地下室。各供水区加热器的冷水来自各区技术层的冷水箱，以保持冷、热水压力的平衡。各区加热器所加热的热水通过热水配水管网供本区配水设备，各区的循环回水通过回水管回到本区的加热器内。

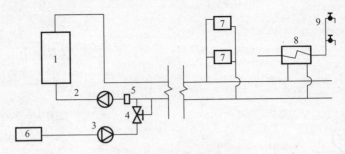

图 2-120　区域热水供应系统

1—热水锅炉；2—循环水泵；3—补给水泵；4—压力调节阀；5—除污器；6—补充水处理装置；7—供暖散热吕石；8—生活热水加热器；9—生活用热水

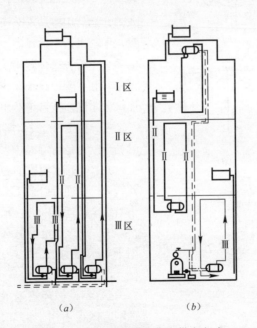

（a）　　　　　（b）

图 2-121　高层建筑热水集中供应方式

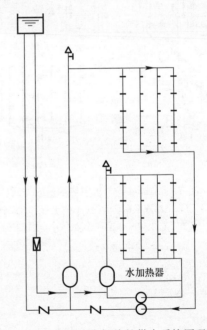

图 2-122　容积式水加热的供水系统原理图

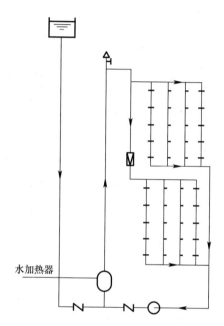

图 2-123　减压阀分区供水系统原理图

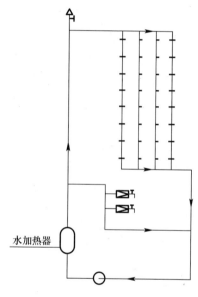

图 2-124　减压阀减压、干管循环系统示意图

2）减压分区供水系统。图 2-123为减压阀分区供水系统原理图；图 2-124 为减压阀减压、干管循环系统示意图。

113

4. 辅助设备安装施工图

(1) 太阳能热水器：太阳能热水系统主要由太阳能集热器、循环管道和水箱等组成，如图 2-125 所示。

1) 集热器。由集热管、上下集管、集热板、罩板（一般为玻璃板）、保温层和外框组成。平板型集热器是太阳能热水器的最关键性设备，如图 2-126 所示。

2) 循环管道。循环管道由上升循环管和下降循环管构成，用其连接太阳能集热器和循环水箱，对太阳能集热器产生的热水进行循环加热。

3) 水箱。水箱包括循环水箱和补给水箱。循环水箱用循环管道与太阳能集热器相连，供热水循环和贮备之用。热水箱冷水的补给方式有漏斗式和补给水箱两种，如图 2-127 所示。

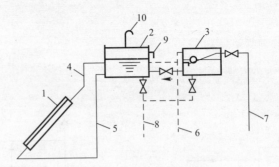

图 2-125　太阳能热水系统的组成

1—集热器；2—循环水箱；3—补给水箱；4—上升循环管；5—下降循环管；

6—热水出水管；7—给水管；8—泄水管；9—溢水管；10—透气管

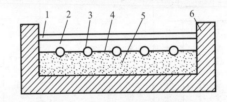

图 2-126　平板型集热器

1—盖板；2—空气层；3—排管；4—吸热板；5—保温层；6—外壳

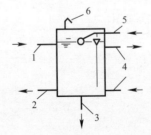

图 2-127　热水箱冷水补给方式

1—上循环管；2—下循环管；3—泄水管；4—热水管；5—给水管；6—透气管

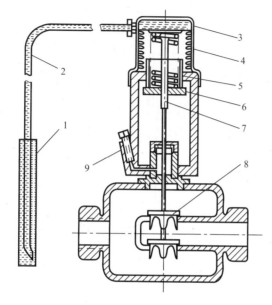

图 2-128　自动温度调节器

1—温包；2—毛细导压管；3—贮液管；4—波纹管；5—压缩弹簧；6—调整丝帽；7—连杆；8—调节阀门；9—注油螺钉

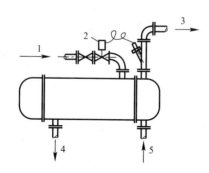

图 2-129　温度调节器的安装

1—热介质；2—调节器；3—热水；4—凝结水；5—冷水

（2）自动温度调节器：图 2-128 为直接作用式自动温度调节器的构造原理图。它是由薄膜温包感温元件和调节阀两大部分组成。

温包内装一定数量的低沸点液体，一般为氟利昂、氯化甲烷、乙醚或丙酮等。温包安装在被调节的热水管道上，调节阀装在热媒管道上，当热水管道水温过高（或过低）时，温包中的液体气化（或冷凝），压力升高（或降低），压力经毛细导管传到贮液筒，使波纹管压缩（或伸长），经连杆传动使阀瓣关小（或开大），使通过阀门的热媒流量减小（或增大），从而达到了调节水温的目的。

为了保证水加热器供水温度的稳定，在水加热器供水出口处，应装自动温度调节器，如图 2-129 所示。

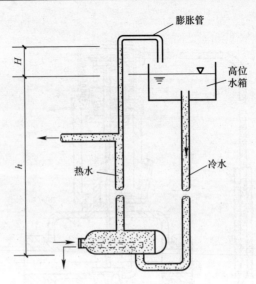

图 2-130　热水供应系统膨胀管

（3）膨胀管和膨胀罐：膨胀管可由加热设备出水管上引出，将膨胀水引至高位水箱中，如图 2-130 所示。膨胀管上不得设置阀门，膨胀罐是一种密闭式压力罐，如图 2-131 所示。这种设备适用于热水供应系统中不宜设置膨胀管和膨胀水箱的情况。

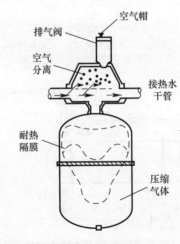

图 2-131　膨胀罐

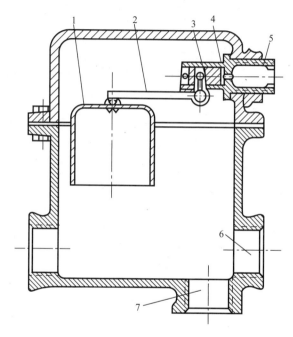

图 2-132 自动排气阀

1—浮钟；2—杠杆；3—滑阀；4—垫；5—阀座；6—水平安装出水口；7—垂直安装出水口

（4）自动排气阀安装：在上分式热水供应系统中，为了保证管道内热水畅通，排除系统内的气体，应在系统的最高处安装排气阀。图 2-132 所示为钟形排气阀的构造原理图。它是由阀体、浮钟、滑阀及其杠杆等组成。

自动排气阀的选用，主要依据系统的工作压力，当热水工作温度小于及等于 95℃，工作压力小于及等于 0.2MPa 时，选用排气孔径 $d=2.5mm$ 的阀座；当工作压力为 0.2～0.4MPa 时，选用排气孔径 $d=1.6mm$ 的阀座。

自动排气阀应垂直安装在系统的最高处，不得歪斜。

（5）循环水泵安装：循环水泵的安装位置有两种情况，如图 2-133 所示。图 2-133（a）是将循环水泵安装在回水管上；图 2-133（b）是将循环水泵安在配水管上。安装时，应特别注意水流方向。

水泵吸水管安装不当对水泵效率及功能影响很大，轻者会影响水泵流量，重者会造成水泵不上水致使水泵不能运行，因此，对水泵吸水管有如下安装要求：

1）为防止吸水管中积存空气而影响水泵运转，吸水管的安装应具有沿水流方向连续上升的坡度接至水泵入口，坡度不应小于 0.005。

2）吸水管靠近水泵进口处，应有一长为 2~3 倍管道直径的管段，避免直接安装弯头，否则水泵进口处流速分布不均匀，使流量减少。

3）吸水管应设支撑，以保证应有的吸水坡度。

4）吸水管要短，配件及弯头要少，力求减少管道损失。

5）对水泵出水管要求管路短捷，出水管阀门处应设支墩，避免泵体受力，并应设置逆止阀。

6）输送高、低温液体用的泵，启动前必须按设备技术条件的规定进行预热和预冷。

7）离心水泵不应在出口阀门全闭的情况下长时间运转，也不应在性能曲线中驼峰处运转。

8）循环水泵的流量或扬程必须满足热水供暖系统的需要，否则，系统热媒循环速度缓慢，造成送回水温度之差超过正常值，系统回水温度过低。

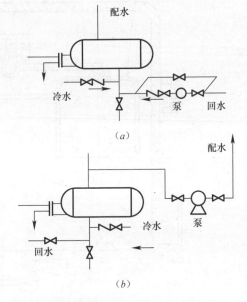

（a）

（b）

图 2-133　循环水泵装设位置
（a）循环水泵安装在回水管上；（b）循环水泵安在配水管上

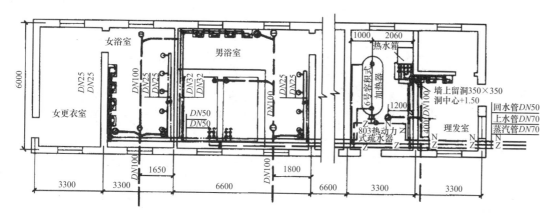

图 2-134 某单位浴室热水供应设备平面图

【例 2-14】 识读某单位浴室热水供应设备平面图。

图 2-134 为某单位浴室热水供应设备平面图，从图中可以看出：

（1）右边进来有给水管 *DN*70、蒸汽管 *DN*70，凝结水管 *DN*50，给水管以点划线—·—线型表示，蒸汽管以—Z—线型表示，蒸汽凝结水管以—N—表示。

（2）给水管从右到左进入男浴室、女浴室和 6 号容积式换热器，从容积式换热器上封头的下面进入。

（3）蒸汽管进入容积式换热器下封头的进口处，且在其进口处下安装有疏水阀产生的凝结水管返回给水管、蒸汽管的进户管外，另外蒸汽管进入男浴室的两浴池内。

（4）经换热器产生的热水以—··—线型进入男女浴室的淋浴喷头以及女浴室洗脸盆处，男女浴室用水设备均有冷热水的水温调节。

（5）在换热器房间内有加热水箱，给水管和蒸汽管进入加热水箱直接加热，热水箱内、理发室内两个洗脸盆用热水，同时这两个洗脸盆也有冷水管供热水水温调节。

（6）女浴室有五个淋浴喷头和四个洗脸盆，男浴室有四个淋浴喷头和两个浴池，理发室内有两个洗脸盆。

【例 2-15】 识读某单位浴室热水供应设备轴测图。

图 2-135 为某单位浴室热水供应设备轴测图，从图中可以看出：

（1）地面标高为±0.000，蒸汽总管、给水总管、热水总管架空敷设，标高为 2.800m，属于上行下给式。

（2）进入男、女浴室冷水管、热水管与洗脸盆、淋浴器连接采用下行上给式，并可看到干管、支管的管径。

（3）加热水箱箱底标高为 2.500m，溢水管管口离地面标高为 0.200m。

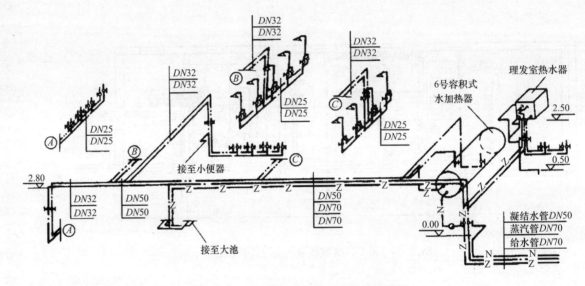

图 2-135　某单位浴室热水供应设备轴测图

2.5 识读卫生器具安装施工图

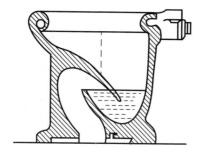

图 2-136 冲洗式坐式大便器

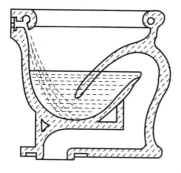

图 2-137 虹吸式坐式大便器

1. 便溺用卫生洁具安装施工图

(1) 大便器安装

1) 坐式大便器：

① 冲洗式坐式大便器如图 2-136 所示。这种大便器的缺点是受污面积大而存水面积小，每次冲洗时不能保证冲清污物，同时冲洗噪声大。冲洗式大便器的冲洗水量，普通型为 11～12L/次，节水型为 8L/次。

② 虹吸式坐式大便器如图 2-137 所示。它的上边缘除了空心边均匀分布很多小孔口外，在冲洗水进口处的下面有一个较大的孔口，当水流满上口空心边缘并从小孔口冲下时，大便器内表面上的污物即被洗去，余下的一部分水从冲洗水进口处下面的孔口冲下，形成一股射流，驱使浮游的污物下滑直至排除。由于便器内存水湾本身是一个较高的虹吸管，水流冲出后，大便器内水位迅速升高，当水面越过存水弯进入污水管道时，即产生虹吸作用，将污物加快抽吸到污水管内。虹吸式坐式大便器的优点是冲洗干净；缺点是冲洗时噪声仍较大，耗水量也大。

虹吸式低水箱坐式大便器安装施工图如图 2-138 所示。其安装高度为 510mm，水箱容积为 400mm × 500mm × 190mm，安装前，先将大便器的污水口插入预先已埋好的 DN100 污水管中，调整好位置，再将大便器底座外廓和螺栓孔眼的位置用铅笔或石笔在光地坪上标出，然后移开大便器用冲击电钻打孔植入膨胀螺栓，插入 M10 的鱼尾螺栓并灌入水泥砂浆。安装大便器时，取出污水管口的管堵，把管口清理干净，并检查内部有无残留杂物，然后在大便器污水口周围和底座面抹以油灰或纸筋水泥（纸筋与水泥的比例约为 2：8），但不宜涂抹太多，接着按原先所划的外廓线，将大便器的污水口对正污水管管口，用水平尺反复校正并把填料压实。

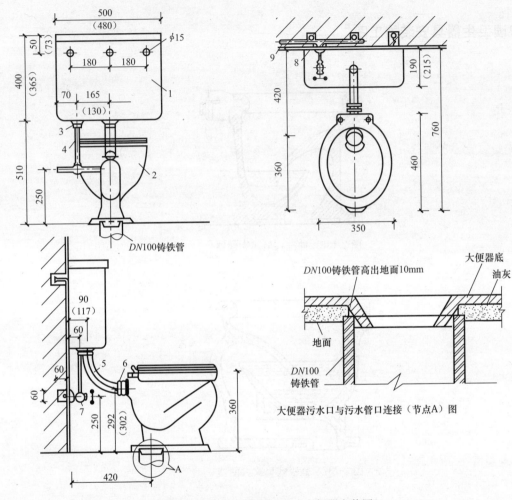

图 2-138　虹吸式低水箱坐式大便器安装图

1—低水箱；2—坐式大便器；3—浮球阀配件 DN15；4—水箱进水管 DN15；
5—冲洗管及配件 DN50；6—锁紧螺母 DN50；7—角阀 DN15；8—三通；9—给水管

2）蹲式大便器：蹲式大便器特别适用于集体宿舍、机关大楼等公共建筑的卫生间内。图 2-139 为低水箱蹲式大便器安装示意图。水箱安装高度为 900mm，安装蹲式大便器时，需另加 S 形存水弯，蹲式大便器应安装在地坪的台阶中（即高出地坪的坑台中），每一台阶高度为 200mm，最多为 2 个台阶（400mm 高），以存水弯是否安装于楼层或底层而定。蹲式大便器如在底层安装时，必须先把土夯实，再以 1：8 水泥焦渣或混凝土做底座，污水管上连接陶瓷存水弯时，接口处先用油麻丝填塞，再用纸筋水泥（纸筋、水泥比例约为 2：8）塞满刮平，并将陶瓷存水弯用水泥固紧。大便器污水口套进存水弯之前，须先将油灰或纸筋水泥涂在大便器污水口外面，并把手伸至大便器出口内孔，把挤出的油灰抹光。在大便器底部填实、装稳的同时，应用水平尺找正找平、不得歪斜，更不得使大便器与存水弯发生脱节。

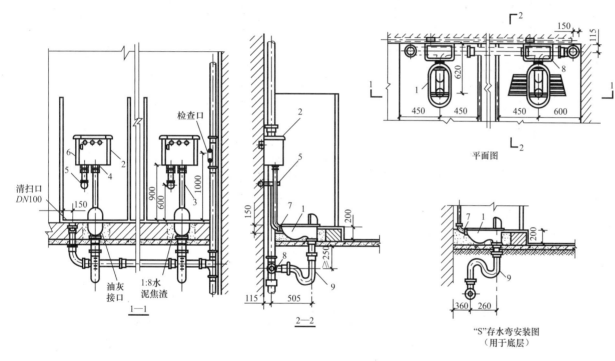

图 2-139　低水箱蹲式大便器安装示意图

1—蹲式大便器；2—低水箱；3—冲洗管；4—冲洗管配件；5—角阀；6—浮球阀配件；7—橡胶碗；8—90°三通；9—存水弯

（2）大便槽安装

大便槽是一个狭长开口的槽。一般用于建筑标准不高的公共建筑或公共厕所。一般采用自动水箱定时冲洗，冲洗管下端与槽底有30°～45°夹角，以增强冲洗力。排出管径及存水弯一般采用150mm。大便槽水管及水箱安装如图2-140所示。大便槽的冲洗水量、冲洗管和排水管管径见表2-3。

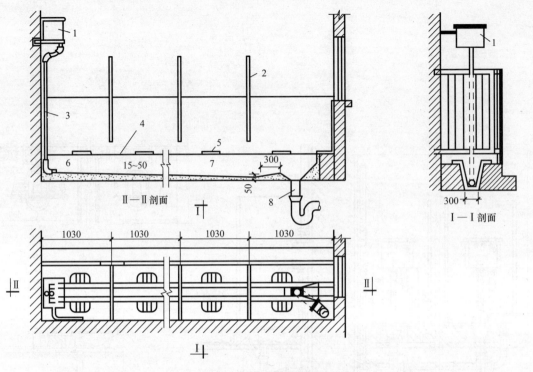

图 2-140　大便槽装置

1—冲洗水箱；2—木隔断；3—冲洗管；4—水泥台阶；5—预制脚踏；6—槽内积水；

7—槽内贴白瓷砖；8—φ150 污水管

大便槽的冲洗水量、冲洗管和排水管管径　　　　　　　　表 2-3

蹲位数	每蹲位冲洗水量（L）	冲洗管管径（mm）	排水管管径（mm）
3～4	12	40	100
5～8	10	50	150
9～12	9	70	150

注：1. 若采用水泥或陶土排水管，则其管径一律不得小于150mm。

　　2. 每个大便槽的蹲位数不宜大于12个，否则管径过大，冲洗困难。

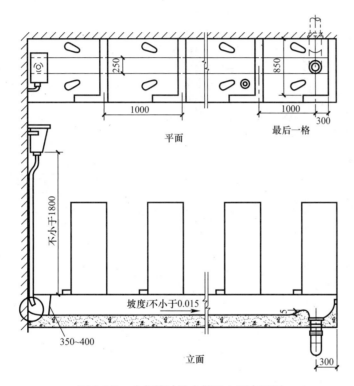

图 2-141 所示为大便槽冲洗水箱布置图。其起端槽深 350～400mm，槽底坡度不小于 0.015，大便槽的起端设置有冲洗水箱，水箱底部距踏步面不小于 1800mm。

平面

最后一格

坡度 i 不小于 0.015

立面

图 2-141 大便槽冲洗水箱平立面布置图

（3）小便器安装

小便器安装在建筑标准较高的公共建筑男卫生间中，常见的有挂式小便器、立式小便器及小便槽等。

1）挂式小便器。图 2-142 所示为挂式小便器安装示意图。挂式小便器是依靠自身的挂耳固定在墙上的。安装时，从给水甩头中心向下吊垂线，并将垂线画在安装小便器的墙上，量尺画出安装后挂耳中心水平线，将实物量尺后在水平线上画出两侧挂耳间距及四个螺钉孔位置的"十"字记号。在上下两孔间凿出洞槽，预埋防腐木砖或者凿剔小孔预栽木螺栓。埋好的木砖面应平整，外表面与墙平齐，且在木砖的螺栓孔中心位置上钉上铁钉，铁钉外露装饰墙面。待墙面装饰做完，木砖达到强度后，拔下铁钉，把完好无缺的小便器就位，用木螺栓加上铅垫把挂式小便器牢固地安装在墙上。

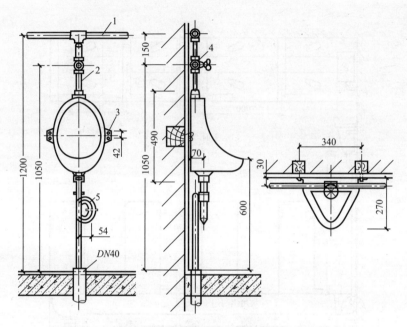

图 2-142　挂式小便器安装示意图

1—给水管；2—DN15；3—φ8 配 M6 螺钉；4—DN15 截止阀；5—DN32 存水弯

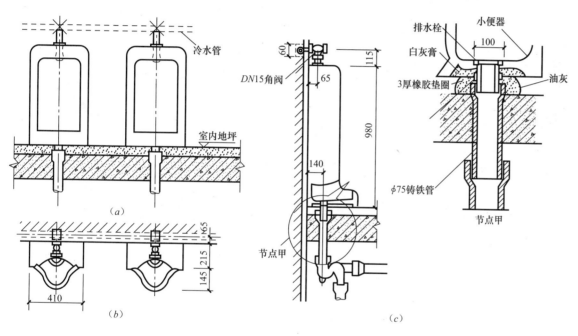

图2-143　立式小便器安装固定示意图

(a) 立面图；(b) 平面图；(c) 侧面图

2) 立式小便器。立式小便器安装前，检查排水管甩头与给水管甩头应在一条垂直线上，符合要求后，将排水管甩头周围清扫干净，取下临时封堵，用干净布擦净承口内，抹好油灰安上存水弯管。

图2-143为立式小便器安装固定示意图。立式小便器安装在卫生设备标准较高的公共建筑男厕所中，多为成组装置。在立式小便器排出孔上用3mm厚橡胶圈垫及锁母组合安装好排水栓，在坐立小便器的地面上铺设好水泥、白灰膏的混合浆（1∶5），将存水弯管的承口内抹匀油灰，便可将排水栓短管插入存水弯承口内，再将挤出来的油灰抹平、找均匀，然后将立式小便器对准上下中心坐稳就位。

3）小便槽。小便槽是用瓷砖沿墙砌筑的沟槽。由于建造简单，造价低廉，可同时容纳较多的人使用。因此，广泛应用于集体宿舍、工矿企业和公共建筑的男厕所中。

小便槽的污水口可设在槽的中间，也可设于靠近污水立管的一端，但不管是中间还是在某一端，从起点至污水口，均应有 0.01 的坡度坡向污水口，污水口应设置罩式排水栓。

图 2-144 为节门冲洗式小便槽安装示意图。该小便槽采用 DN15 多孔管进行冲洗，多孔冲洗管安装于距地面 1.1m 高度处，管壁上开有 φ2 小孔，安装时，一排小孔与墙面成 45°角，小便槽的长度最长不超过 6m，槽顶宽不超过 300mm，高 200mm。

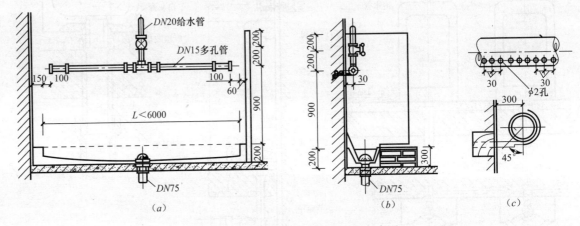

图 2-144　节门冲洗式小便槽安装示意图
（a）平面图；（b）立面图；（c）侧面图

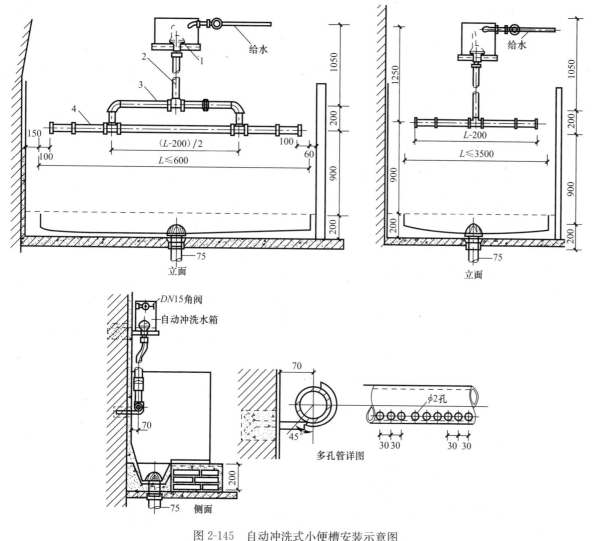

图 2-145　自动冲洗式小便槽安装示意图

1—冲洗阀；2、3、4—管道

图 2-145 为自动冲洗式小便槽安装示意图。小便槽污水管管径为 75mm，在污水口的排水栓上装有存水弯。多孔管安装在离地面 1100mm 的位置，管径不小于 20mm；管的两端用管帽封闭，喷水孔孔径为 2mm，孔距为 30mm。安装时孔的出水方向应与墙面成 45°的夹角。

2. 盥洗沐浴用卫生器具安装施工图

（1）洗脸盆安装：洗脸盆的规格型式有很多，有长方形、三角形、椭圆形等。其安装方式有墙架式、柱架式（也叫立式洗脸盆）。

1）墙架式安装。洗脸盆的墙架式安装固定示意图如图 2-146 所示。安装时，根据脸盆架的宽度，将盆采用木螺钉拧紧在木砖上，找平后，将脸盆固定在架上，脸盆安装高度为 800mm，存水弯管距地面的高度为 400mm。

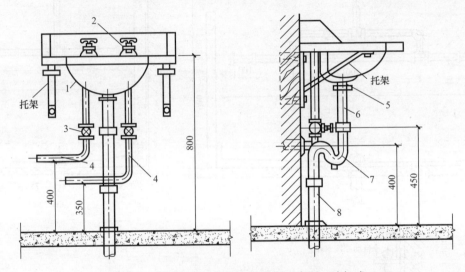

图 2-146　洗脸盆的墙架式安装固定示意图（墙架式）

1—洗脸盆；2—DN15 龙头；3—DN15 截止阀；4—DN15 给水管（左热右冷）；5—DN32 排水栓；6—DN32 钢管；7—DN32 存水弯；8—DN32 排水管

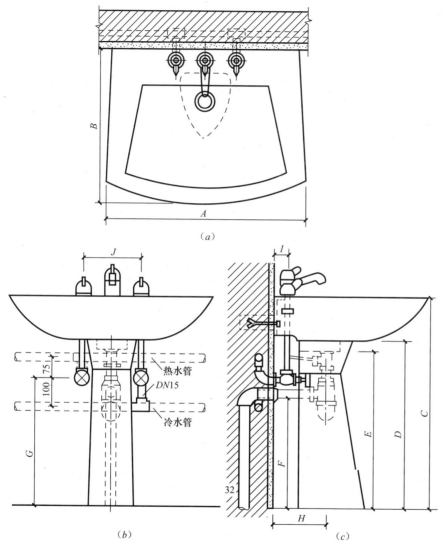

图 2-147 暗装管道立式洗脸盆的安装固定示意图
(a) 平面图；(b) 立面图；(c) 侧面图

2) 立式洗脸盆安装。立式洗脸盆安装包括暗装管道和明装管道立式洗脸盆安装。暗装管道立式洗脸盆进水一般由进水管三通通过铜管与脸盆水嘴连接，排水用的下水口通过短管接存水弯，短管与脸盆间用橡皮垫密封，它们之间的空隙用锁母锁紧，使之密封。暗装管道立式洗脸盆安装固定示意图如图 2-147 所示，明装管道立式洗脸盆安装固定示意图如图 2-148 所示，其型号尺寸见表 2-4。

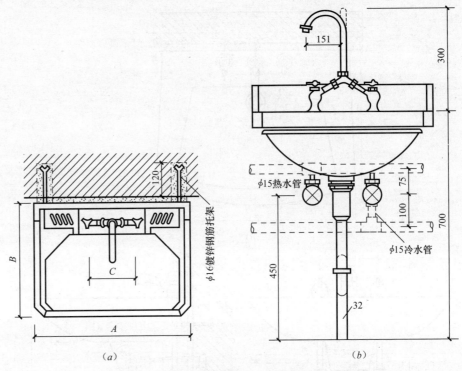

图 2-148　明装管道立式洗脸盆的安装固定示意图

（a）平面图；（b）立面图

立式洗脸盆安装型号及尺寸（mm）　　　　　　　　　　　　　表 2-4

尺寸	型号														
	5	6	12	13	14	18	19	21	22	27	33	39	40	41	42
A	560	510	510	410	510	560	510	460	360	560	510	410	560	530	560
B	410	410	310	310	360	410	410	290	260	410	410	310	460	450	410
C	420	380	380	(130)	360	150	150	(155)	(110)	400	380	(130)	380	200	180
D	140	130	65	65	65	65	65	70	65	120	120	65	65	65	65
E	175	175	100	100	100	200	175	100	85	175	175	175	200	175	175
F	270	250	260	200	250	300	280	225	200	210	210	210	210	215	410

注：括号内为右单眼至中心的距离。19 为中心单眼，13、21、22、27、33、39 为右单眼进水。

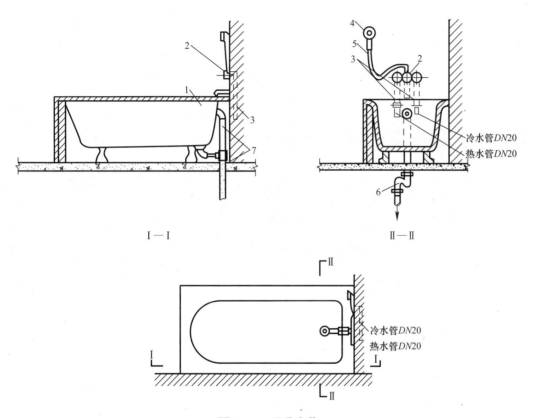

I—I
II—II

冷水管DN20
热水管DN20

冷水管DN20
热水管DN20

图 2-149 浴盆安装
1—浴盆；2—混合阀门；3—给水管；4—莲蓬喷头；5—蛇皮管；6—存水弯；7—排水管

（2）浴盆安装：浴盆的种类很多，式样不一，对于有饰面的浴盆，安装时，应考虑留有通向浴盆排水口的检修门。安装浴盆混合式挠性软管淋浴器挂钩的高度如设计无规定时，应距地面 1.5m。

图 2-149 为浴盆安装平面图和剖面图。浴盆上配有冷热水管和混合水龙头，浴盆的排水口、溢水口均设置在龙头一端，浴盆底有 0.02 的坡度，坡向排水口。有的浴盆还配置固定式或软管式活动淋浴莲蓬喷头。

（3）妇女卫生盆安装：妇女卫生盆（妇洗器）一般安装在妇产科医院、工厂女卫生间及设备完善的居住建筑和宾馆卫生间内，供妇女用。安装时，妇女卫生盆与墙面间的距离不小于 380mm。妇女卫生盆应配有冷热水管和混合阀。其安装示意图如图 2-150 所示。

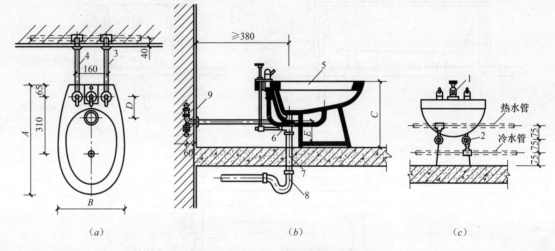

（a）平面图；（b）纵剖面图；（c）立面图

图 2-150　妇女卫生盆安装示意图

1—混合阀；2—角阀；3—冷水管；4—热水管；5—妇女卫生盆；6—排水栓；7—短管；8—存水弯；9—弯头

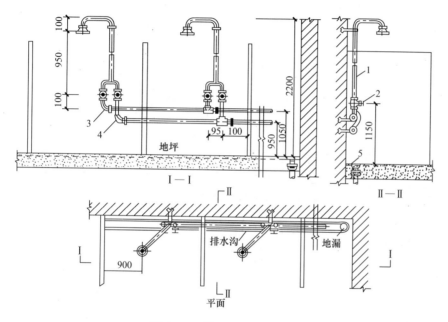

图 2-151 淋浴器安装示意图

1—双联开关淋浴器；2—截止阀；3—热水管；4—冷水管；5—地漏

（4）淋浴器安装：淋浴器有制成成品出售的，但大多数情况下是用管件现场组装。由于管件较多，布置紧凑，配管尺寸要求严格准确，安装时要注意整齐美观。

图 2-151 为淋浴器安装示意图。莲蓬喷头距地面高度为2200mm，冷热水截止阀距地面的高度为1150mm，地面上设排水沟（覆格栅），其坡度为0.075。

3. 洗涤用卫生洁具安装施工图

（1）洗涤盆安装：洗涤盆多装在住宅厨房及公共食堂厨房内，供洗涤碗碟和食物用。常用的洗涤盆多为陶瓷制品，也有采用钢筋混凝土磨石子制成。洗涤盆的规格无一定标准，可只装冷水龙头，也可同时装设冷热水龙头。只装冷水龙头时，龙头应与盆的中心对正，如设置冷热水龙头，则可按照热水管在上、冷水管在下、热水龙头在左上方、冷水龙头在右下方的要求进行。冷热水两横管的中心间距为150mm。

图 2-152 为一般住宅用房洗涤盆安装示意图。其排水管设置存水弯，安装存水弯前，应安装排水栓，该洗涤盆只装设冷水龙头，龙头与盆的中心对正。

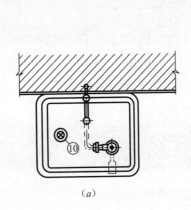
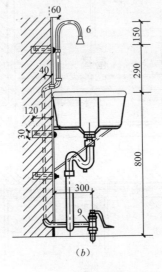
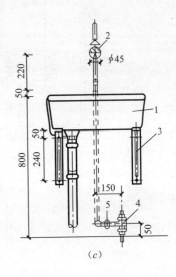

图 2-152　洗涤盆安装示意图

(a) 平面图；(b) 纵剖面图；(c) 立面图

1—洗涤盆；2—龙头；3—托架；4—排水栓；5—存水弯；6—螺栓

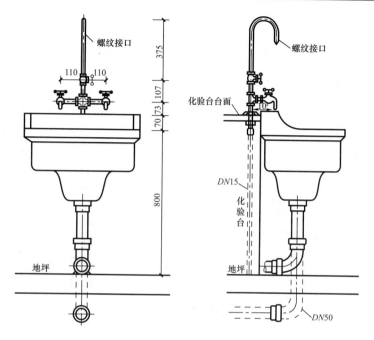

图 2-153　化验盆

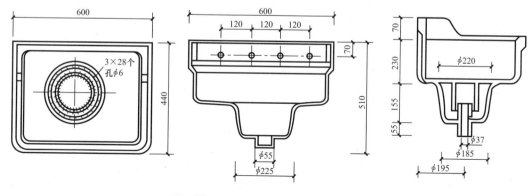

图 2-154　化验盆安装示意图

（2）化验盆安装：化验盆一般安装在工厂、科研机关、学校化验室中，其构造如图 2-153 所示，化验盆通常为陶瓷制品，也可由陶瓷洗涤盆代替。

图 2-154 为化验盆安装示意图。化验盆安装不需要盆架，只用木螺栓固定在化验台上即可，排水管不需要装存水弯。根据使用要求，化验盆上可装单联、双联或三联鹅颈龙头。

（3）污水盆安装：污水盆也叫拖布盆，多装设在公共厕所或盥洗室中，供洗拖布和倒污水用，故盆口距地面较低，但盆身较深，一般为 400～500mm，可防止冲洗时水花溅出。污水盆可在现场用水泥砂浆浇灌，也可用砖头砌筑，表层磨石子或贴瓷片。

污水盆的管道配置较为简单。砌筑时，盆底宜形成一定坡度，以利排水。

图 2-155 为污水盆安装示意图。其上部装有给水管，底部中心装有排水栓和排水管，排水管上装设有 S 形存水弯。

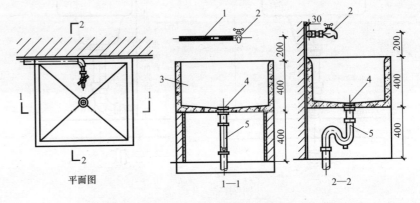

图 2-155　污水盆安装示意图
1—给水管；2—龙头；3—污水池；4—排水栓；5—存水弯

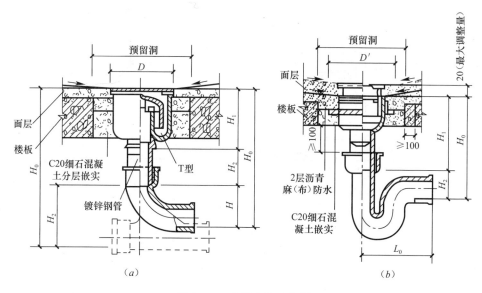

图 2-156　地漏安装示意图

(a) 水封地漏安装；(b) 无水封地漏安装

（4）地漏安装：厕所、盥洗室、卫生间及其他房间需从地面排水时，应设置地漏。地漏应设置在易溅水的器具附近及地面的最低处。当地漏装在排水支管的起点时，可同时兼做清扫口用。

图 2-156 为地漏安装示意图。地漏的顶面标高应低于地面 5～10mm，地面应有不小于 1‰的坡度坡向地漏。地漏盖有箅子，以阻止杂物进入管道。地漏本身不带有水封时，排水支管应设置水封。

【例 2-16】 识读某卫生间平面详图。

图 2-157 为某卫生间平面详图，从图中可以看出：

(1) 卫生间分男女两间，地坪标高为 2.400，男厕所卫生器具有 2 个蹲便器，2 个小便器。女厕所卫生器具有 1 个蹲便器和 1 个洗涤池。盥洗间设有 3 个洗手盆。2 个蹲便器最小间距为 900mm，2 小便器的间距为 850mm，2 个洗手盆的间距为 850mm。

(2) 给水管道布置时应力求长度最短，尽可能呈直线走向，并与墙、梁、柱平行敷设。

(3) 给水立管设在沿内墙布置的管道井内，编号为 JL-8；给水横支管分成两路，一路沿轴线Ⓖ向左到轴线⑯位置拐向下方沿轴线⑯布置，接 3 个蹲便器和 1 个洗涤池用冲洗水箱和龙头。另一路横支管从管道井沿内墙布置接盥洗间设置的 3 个洗手盆上的龙头。给水立管 JL-8 引出的 2 个横支管均设一阀门。

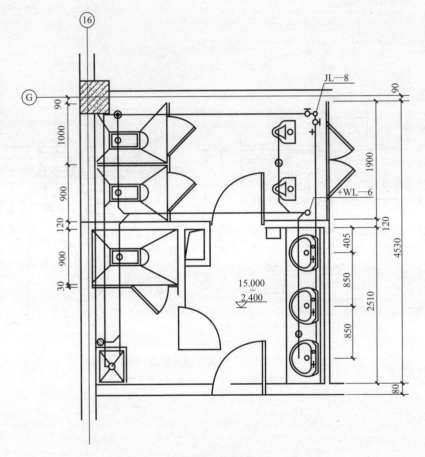

图 2-157　某卫生间平面详图（1：50）

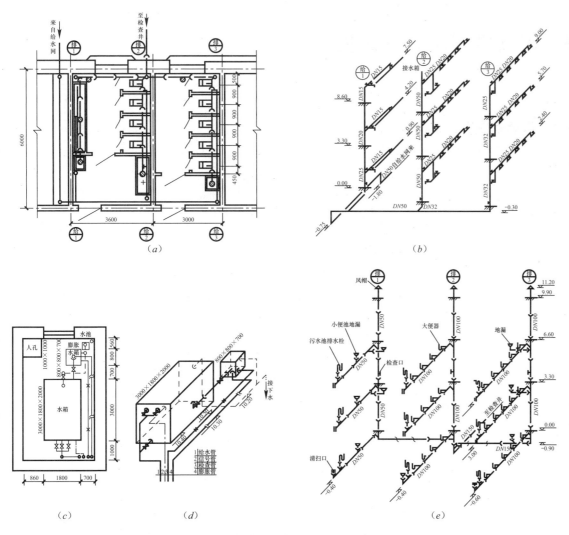

图 2-158 某大学教学楼卫生间给水排水施工图
(a) 平面图；(b) 给水轴测图；(c) 水箱平面图；(d) 水箱间轴测图；(e) 排水轴测图

【例 2-17】 识读某大学教学楼卫生间给水排水施工图。

图 2-158 为某大学教学楼卫生间给水排水施工图，从图中可以看出：

(1) 先看平面图，每层有男女厕所一间，朝北面，男厕所内设高位水箱冲洗的蹲式大便器 4 个，盆洗槽 1 个，拖布池 1 个，多孔冲洗式小便槽 1 个，地面设地漏 1 个，女厕所内设蹲式大便器 5 个，拖布池 1 个，地面设地漏 1 个。从一层平面图上看给水引入管，引入管从北侧左上角底下进入。

(2) 对照平面图看给水系统图。引入管从－1.8m 处穿外墙引入，转弯上升至－0.3m 高处（即底层楼板下面）往前延伸即为水平干管，再由干管接出 3 根立管，且在水箱底部与出水管连接。出水管上装止回阀，立管 2 既是进水管，又是出水管。水箱设在水箱间内，水箱间的位置在男厕所上部的屋顶上。

(3) 通过系统图，可以看出各管管径、标高，根据节点间管径的标注可以按比例尺量出各管长，根据螺纹连接可计算各管件的名称、数量和规格。

141

供暖系统主要有热水供暖系统、蒸汽供暖系统、热风供暖系统及高层建筑供暖系统四种形式。

（1）热水供暖系统：热水供暖系统主要有自然循环热水供暖系统和机械循环热水供暖系统两种。

1）自然循环热水供暖系统。以不同温度差为动力而进行循环的系统，称为自然循环系统。自然循环热水供暖系统由加热中心（锅炉）、散热设备供水管道、回水管道和膨胀水箱等组成。其形式主要有：

① 自然循环上供下回双管式供暖系统。自然循环上供下回双管式供暖系统中不设水泵，仅依靠热水散热冷却所产生的自然压头促使水在系统内循环。如图 3-1 所示，水由锅炉加热后，沿供热总立管上升，再经水平干管，送至各供热立管，然后经散热器供水支管进入散热器内。热水在散热器内放出热量后，经散热器回水支管进入回水立管，然后沿回水干管进入锅炉再加热。

3　识读供暖工程施工图

3.1　识读室内供暖工程施工图

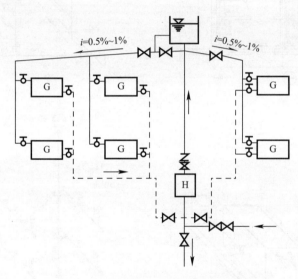

图 3-1　自然循环上供下回双管式供暖系统
G—散热器；H—锅炉

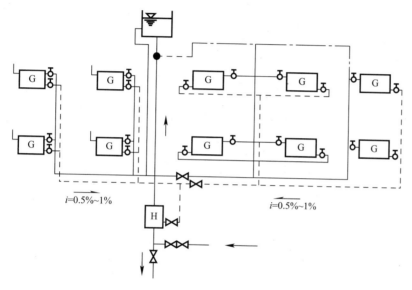

$i=0.5\%\sim1\%$　　　$i=0.5\%\sim1\%$

图 3-2　自然循环下供下回双管式热水供暖系统
G—散热器；H—锅炉

②自然循环下供下回双管式热水供暖系统。当顶层的顶棚下敷设供水干管有困难，或建筑物有地下室，或为了美观而避免散热器下面布置管路时，常采用自然循环下供下回双管式热水供暖系统，如图 3-2 所示。自然循环下供下回双管式供暖系统中，供、回水干管均敷设于底层散热器下面，锅炉内加热的水从底部干管分送至各立管及散热器内，水在散热器内放出热量后经回水立管流入底部回水干管，再沿回水干管返回锅炉。

③ 自然循环上供下回单管顺流式热水供暖系统，如图 3-3 所示。图中左半部为垂直单管顺流式系统，分送至每根立管的全部水量先由顶部干管流入顶层散热器，然后再顺次流入下面各层散热器内，各层散热器内的水温逐次降低，散热器计算较为繁琐。右半部为水平单管顺流式系统，也称水平串联式系统，由总管分送至每根水平支管的水量依次进入水平排列的各散热器内，水温亦是逐次降低。空气排出较为困难，一般采用每个散热器上安装手动或自动跑风门的方法，如图 3-3 右侧 A 式所示，有时为了减少麻烦，可在散热器上接口连一根排气管，在水平排列的最后一个散热器集中排放空气，如图 3-3 右侧 B 式所示。此外，这种水平单管顺流式系统，因散热器位置已固定，散热器之间供、回水管与散热器刚性连接，所以，受热或冷却所产生的伸缩问题也难以解决。为解决这一问题，在实际工程中可采取散热器之间连接弯管的方法，如图 3-3 右侧 C 式所示。

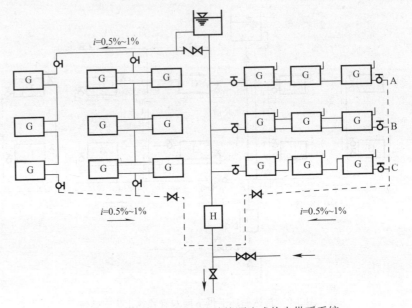

图 3-3　自然循环上供下回单管顺流式热水供暖系统

G—散热器；H—锅炉

④自然循环上供下回单管跨越式供暖系统，如图 3-4 所示。图中左半部是垂直单管跨越式系统，立管中的水在该层散热器进口处分成两路，一路流入该层散热器，另一路流入该层散热器进、出口之间的跨越管内。这两路水在跨越管出水端混合后，流向下一层供水立管内。自然循环上供下回单管跨越式供暖系统中的垂直单管跨越式系统，水流过跨越管后未散热，保持原有温度；经散热器的水放出了一部分热量，使温度降低。经散热器的水在跨越管下端混合后，形成具有混合温度的水，再进入下一层散热器，这样就可调节散热器内水温。因而通过严格计算和调整，可避免由于各层散热器内水温差别过大而造成散热器组成片数相差悬殊的缺点。

图 3-4 中右半部是水平单管跨越式系统。水平支管中的水在散热器旁也分成两路，一路流入该组散热器，另一路流入该组散热器进、出口之间的水平跨越管。这两路水混合后再进入下一组散热器。水平单管跨越式系统可以设计成图 3-4 中右侧 A 和 B 的形式。自然循环上供下回单管跨越式供暖系统中水平单管跨越式系统的形式 A 实际上在散热器部分是双管式系统，供热立管及回水立管都接在水平支管上，因此，从作用压头计算角度看，它还是水平单管跨越式系统。形式 B 与形式 A 相比在散热器部分为单管系统。

因为单管顺流式系统中热水是依次流过每个散热器的，所以，散热器间流量调节及散热器的水温调节都无法进行。因此当供水立管所带散热器层数较多或水平支管所带散热器组数较多时，为便于调节，往往采用带跨越管的系统。

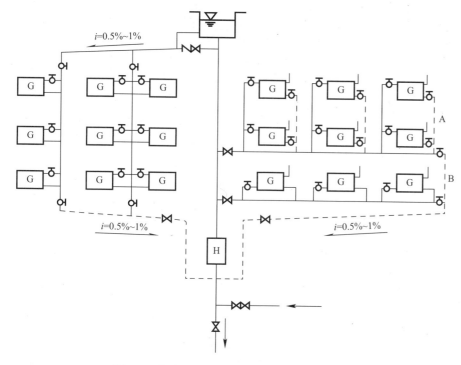

图 3-4　自然循环上供下回单管跨越式供暖系统
G—散热器；H—锅炉

2）机械循环热水供暖系统。机械循环热水供暖系统是依靠水泵提供的动力克服流动阻力使热水流动循环的系统，主要由热水锅炉、供水管道、散热器、回水管道、循环水泵、膨胀水箱、排气装置、控制附件等组成。其常用的几种形式如下：

① 机械循环上供下回式双管式热水供暖系统，如图 3-5 所示，水由锅炉加热后沿供热管道分两路进入散热器内，热水在散热器内放出热量后，经回水管道进入锅炉再加热。该系统管道布置比较合理，是最常用的一种布置形式。

② 机械循环下供上回双管式热水供暖系统，如图 3-6 所示，水由锅炉、供暖管到散热器，再进入锅炉完成一个循环。

与机械循环上供下回双管式热水供暖系统相比，机械循环下供上回双管式热水供暖系统的优点是减少了主立管长度，管路热损失较小，上下层冷热不均的问题不那么突出；可随楼层由下向上安装，施工进度快，可装一层使用一层。缺点是排气较复杂，造价较高，运行管理不够方便。

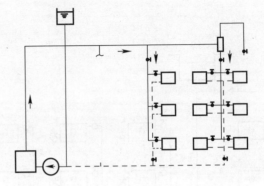

图 3-5　机械循环上供下回式双管式热水供暖系统

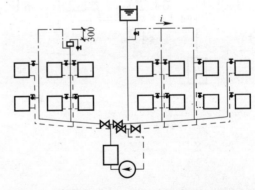

图 3-6　机械循环下供上回双管式热水供暖系统

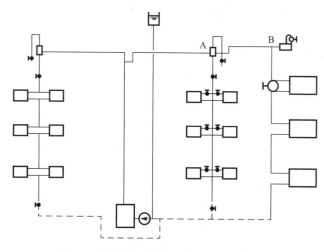

图 3-7　机械循环单管垂直式热水供暖系统

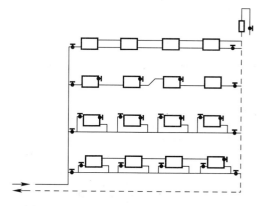

图 3-8　机械循环单管水平式热水供暖系统

③ 机械循环单管垂直式热水供暖系统，如图 3-7 所示。其左侧为单管顺流式系统，右侧立管 A 是单管跨越式系统，右侧立管 B 是单管混合系统。

单管顺流式系统的特点是立管中全部的水量顺次流入各层散热器。顺流式系统形式简单、施工方便、造价低，是国内目前一般建筑广泛应用的一种形式，它最大的缺点是不能进行局部调节。

④ 机械循环单管水平式热水供暖系统，如图 3-8 所示。图中有四种连接方式，上两种系为水平串联式，下两种系为水平并联（跨越）式。

与单管垂直式热水供暖系统相比，单管水平式热水供暖系统节省管材，管子穿楼板少，造价低，施工简便。但应注意解决好串接式管子热伸长问题，避免接头漏水。

⑤ 机械循环中供式热水供暖系统，如图 3-9 所示。从系统总立管引出的水平供水干管敷设在系统的中部，图中左侧部分为双管式供暖系统，下部系统呈上供下回式，上部系统呈下供上回式；图中右侧部分为单管式供暖系统，采用下供上回式。

机械循环中供式热水供暖系统可避免由于顶层梁底标高过低而致使供水干管挡住顶层窗户的不合理布置，并可减轻上供下回式系统因楼层过多易出现垂直失调的现象，但上部系统要增加排气装置。中供式系统可用于原有建筑物加建楼层或上部建筑面积小于下部建筑面积的场合。

⑥ 机械循环下供上回式热水供暖系统，也称为倒流式热水供暖系统，如图 3-10 所示。该系统的供水干管设在下部，而回水干管设在上部，顶部还设置有顺流式膨胀水箱。水由上部向下供给，经锅炉加热后向上循环至散热器后，经回水管道倒流回锅炉再加热，完成一个循环。

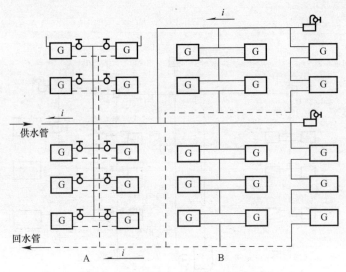

图 3-9　机械循环中供式热水供暖系统

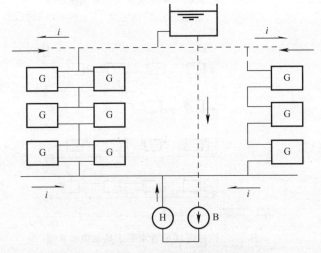

图 3-10　机械循环下供上回式热水供暖系统
G—散热器；H—锅炉

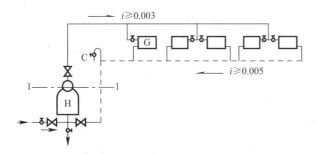

图 3-11　重力回水单管上供式低压蒸汽供暖系统

G—散热器；H—锅炉

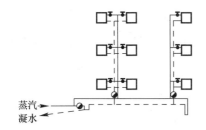

图 3-12　重力回水双管下供式低压蒸汽供暖系统

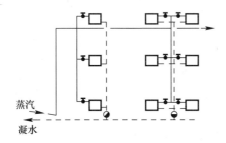

图 3-13　重力回水双管中供式低压蒸汽供暖系统

（2）蒸汽供暖系统：蒸汽供暖系统是以水蒸气作为热媒，饱和水蒸汽凝结时，可以放出数量很大的汽化潜热，这个热量可通过散热器传给房间。

按供暖系统内供汽压力的大小，可将蒸汽供暖系统分为低压蒸汽供暖系统和高压蒸汽供暖系统。蒸汽压力（表压）低于 0.7MPa 的称为低压蒸汽，高于 0.7MPa 的称为高压蒸汽。低压蒸汽多用于民用建筑供暖，高压蒸汽多用于工业建筑供暖。

1）低压蒸汽供暖系统常用的几种形式如下：

① 重力回水单管上供式低压蒸汽供暖系统，如图 3-11 所示。在系统运行前，锅炉充水至 1-1 平面。锅炉加热后产生的蒸汽在自身压力作用下克服流动阻力，沿供汽管道输送到散热器内，并将积聚在供汽管道和散热器内的空气驱入凝水管，最后经连接在凝水管末端的 C 处将空气排出。蒸汽在散热器内冷凝放热，凝水靠重力作用沿凝水管路返回锅炉。

② 重力回水双管下供式低压蒸汽供暖系统，如图 3-12 所示。蒸汽干管和凝结水干管敷设在底层地面下专用的供暖地沟内。蒸汽通过立管向上供气。

重力回水双管下供式低压蒸汽供暖系统在极特殊情况下才能使用，且应用时，蒸汽管应加大一号。

③ 重力回水双管中供式低压蒸汽供暖系统，如图 3-13 所示。当多层建筑的蒸汽供暖系统中，顶层顶棚下面和底层地面不能敷设干管时采用中供式系统。蒸汽干管敷设在多层建筑的中部，蒸汽通过立管向上、下供气。

④ 机械回水中供式低压蒸汽供暖系统，如图 3-14 所示。机械回水系统是一个开式系统。凝水不直接返回锅炉，而是首先进入凝水箱，然后再用凝水泵将水送回锅炉重新加热。凝水箱布置应低于所有散热器和凝水管。进凝水箱的凝水干管应做顺流向下的坡度。

机械回水低压蒸汽供暖系统得到了广泛应用，凝水箱的有效容积应能容纳凝结 0.5～1.5h 的凝结水量，水泵应能在30min 内将这些凝结水送回锅炉。

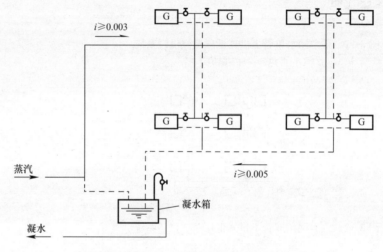

图 3-14　机械回水中供式低压蒸汽供暖系统

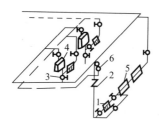

图 3-15　上供上回式高压蒸汽供暖系统

1—疏水器；2—止回阀；3—泄水阀；4—暖风机；5—散热器；6—放气阀

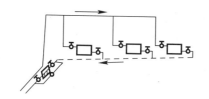

图 3-16　上供下回式高压蒸汽供暖系统

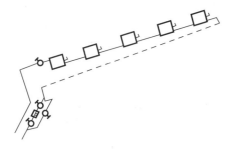

图 3-17　单管串联式高压蒸汽供暖系统

2）高压蒸汽供暖系统。高压蒸汽供暖系统中，凝水箱的布置可根据需要而定，可布置在厂房内，也可布置在工厂区的凝水回收分站或直接布置在锅炉房内。

高压蒸汽供暖系统常用的形式如下：

① 上供上回式高压蒸汽供暖系统，如图 3-15 所示。系统中供气管和凝结水干管设于系统上部，凝结水靠疏水器后的余压上升到终凝结水干管中。

采用上供上回式高压蒸汽供暖系统时，在每组散热器的出口处，除应安装疏水器外，还应安装止回阀并设泄水管、空气管等，以便及时排除每组散热设备和系统中的空气与冷凝水。

② 上供下回式高压蒸汽供暖系统，如图 3-16所示。蒸汽由顶部水平干管分别经垂直立管供给散热器后，凝结水回流至疏水器内。

上供下回式高压蒸汽供暖系统疏水器集中安装在各个环路凝结水干管的末端，在每组散热器进、出口均安装球阀，以便于调节供气量以及在检修散热器时能与系统隔断。

③ 单管串联式高压蒸汽供暖系统，如图 3-17 所示，系统凝结水管末端设置疏水器。

单管串联式高压蒸汽系统中，蒸汽顺序流过各组散热器并在它们里面冷却。

（3）热风供暖系统：热风供暖系统所用的热媒可以是室外的新鲜空气，也可以是室内再循环空气，或者是两者的混合体。若热媒仅是室内再循环空气，系统为闭式循环，该系统属于热风供暖；若热媒是室外新鲜空气，或是室内外空气的混合物时，热风供暖应与建筑通风统筹考虑。

（4）高层建筑供暖系统：随着建筑高度的增加，供暖系统内的静水压力也随之增加，而散热设备、管材的承受能力是有限的。因此，建筑物高度超过50m时，应竖向分区供热，上层系统采用隔绝式连接。另外，建筑物高度的增加，会使系统垂直失调的问题加剧。为减轻垂直失调，一个垂直单管供暖系统所供的层数不应大于12层，同时立管与散热器的连接可采用其他方式。

1）分区式供暖系统。图 3-18 所示为设热交换器的竖向分区式供暖系统。高区水与外网水通过热交换器进行热量交换，高区又设有循环水泵、膨胀水箱，使之成为一个与室外管网压力隔绝的、独立的完整系统。该系统中，热交换器作为高热源。该方式是目前高层建筑供暖系统常用的一种形式，适用于外网是高温水的供暖系统。

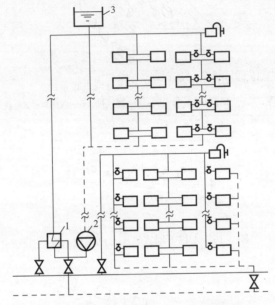

图 3-18　设热交换器的竖向分区式供暖系统

1—热交换器；2—循环水泵；3—膨胀水箱

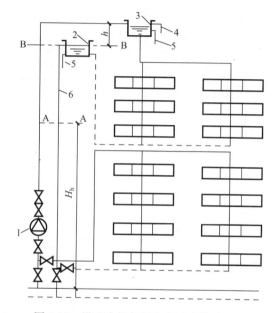

图 3-19 设双水箱的竖向分区式供暖系统

1—加压水泵；2—回水箱；3—进水箱；4—进水箱溢流管；5—信号管；6—回水箱溢流管

图 3-19 所示为设双水箱的竖向分区式供暖系统，该系统将外网水直接引入高区，当外网压力低于该高层建筑的静水压力时，可在供水管上设加压水泵，使水进入高区上部的进水箱进行高区供暖。采用设双水箱的竖向分区式供暖系统时，高区的回水箱设溢流管与外网回水管相连，利用进水箱与回水箱之间的水位差 h 克服高区阻力，使水在高区内自然循环流动。该系统适用于外网是低温水的供暖系统。

2）双线式系统。图 3-20 所示为垂直双线单管式供暖系统。其由垂直的"∩"形单管连接而成，水经供水干管向散热器供暖，再经回水干管循环至加热设备进行加强，如此循环。垂直双线单管式供暖系统中，散热器立管由上升立管和下降立管组成，各层散热器的热媒平均温度近似，这有利于避免垂直方向的热力失调。但由于各立管阻力较小，易引起水平方向的热力失调，可考虑在每根回水立管末端设置节流孔板以增大立管阻力，或采用同程式供暖系统减轻水平失调现象。

图 3-21 所示为水平双线单管式供暖系统，用水平的"∩"形单管连接而成，水经供水干管向散热器供热后，经回水干管回流至加热设备，如此循环完成供暖。水平双线单管式供暖系统中，水平方向的各组散热器内热媒平均温度相近，可避免水平失调问题，但容易出现垂直失调现象。可在每层供水管线上设置调节阀进行分层流量调节，或在每层的水平分支管线上设置节流孔板，增加各水平环路的阻力损失，减少垂直失调问题。

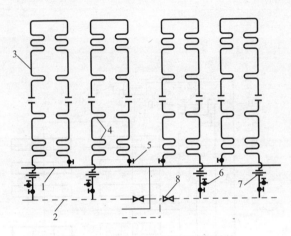

图 3-20　垂直双线单管式供暖系统

1—供水干管；2—回水干管；3—双线立管；4—散热器或加热盘管；5—截止阀；6—排气阀；7—节流孔板；8—调节阀

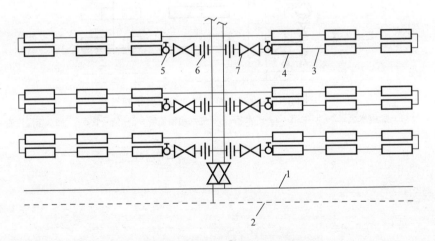

图 3-21　水平双线单管式供暖系统

1—供水干管；2—回水干管；3—双线水平管；4—散热器；5—截止阀；6—节流孔板；7—调节阀

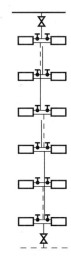

图 3-22 单、双管混合式系统

3）单、双管混合式系统。单、双管混合式系统如图 3-22 所示。将散热器在垂直方向上分为几组，每组内采用双管形式，组与组之间用单管相连。该系统避免了垂直失调现象，而且某些散热器能局部调节。

【例 3-1】 识读地下室供暖平面图。

图 3-23 为地下室供暖平面图，从图中可以看出：

（1）本供暖系统采用的是上供下回的系统形式，即供水干管设在三层屋顶（餐厅部分供水干管设在一屋屋顶），回水干管设在地下室。

（2）供水、回水总管均设在ⓒ轴南侧，⑤轴东侧。回水总管距⑤轴 1850mm，标高-1.35mm 供水总管距⑤轴 2150m，标高-1.15m。供水总管引入后，向北，分为两个部分，一部分过①轴后，向西，过⑤轴后，设 1 根供水总立管，将供水送到三层的供水干管中，其管径为 70mm。另一部分，在接近①轴处，向东，过⑦轴后设一根总立管，见图中 2 总，将供水送到一层餐厅的供水干管的管径为 25mm。

（3）回水干管均设在地下室。为识读方便，将整个回水干管分为两个部分：

1）第一部分是由供水总立管（1 总）负责供水的各立管的回水，共包括 19 根立管，即立管①～立管⑲。在这一部分中又分为 4 个支路：

① 第一支路，先在⑦轴西侧，ⓔ轴南侧找到立管⑮。立管⑮下边接回水干管，干管先向西，再向北，向西。在⑤轴处，有立管⑭接入，然后，干管向北，

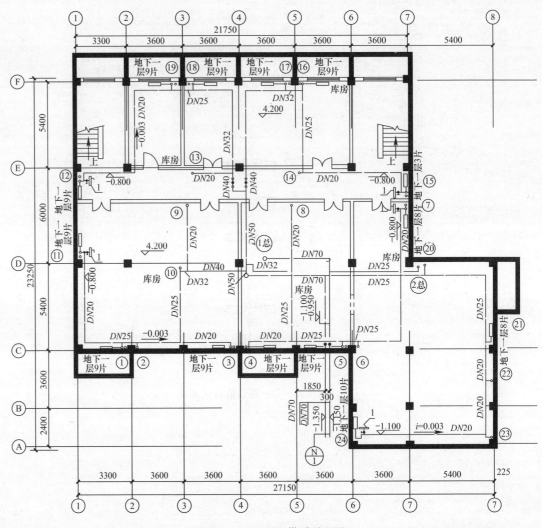

图 3-23 地下室供暖平面图

在靠近Ⓕ轴处，有立管⑯接入，向西，有立管⑰接入。继续向西，再向南。

② 第二支路，先在①轴东侧，Ⓔ轴南侧找到主管⑫，立管⑫接入干管，干管向东，向北，再向东向北，向东。在③轴西侧接入立管⑲，③轴东侧接入立管⑱，继续向东，再向南，过Ⓔ轴后，立管⑬从西侧接入，然后，向南，再向东，与第一支路汇合，一起向南。

③ 第三支路，先在Ⓔ轴南侧，⑦轴西侧找到立管⑦。立管⑦接入干管，向西，向南，靠近Ⓒ轴时，向西。在⑥轴东侧有立管⑥接入，⑥轴西侧有立管⑤接入。继续向西，过⑤轴后，与西侧连接立管④的干管汇合，一起向北。在接近①轴时，又与北侧连接立管⑧的干管汇合，再一起向西，与连接一、二支管的干管汇合。

④ 第四支路，先在①轴东侧，Ⓓ轴北侧，找到立管⑪。立管⑪接入干管后，向东、向南，再向东。在②轴西侧有立管①接入，东侧有立管②接入。继续向东，在③轴西侧与东侧连接立管③的干管汇合，一起向北。在靠近①轴处，与北侧连接立管⑩的干管汇合，一起向东，又与北侧连接立管⑨的干管汇合，共同向东，与连接一、二、三支管的干管汇合。

四个支管的回水汇合在一起，向南，向下，再向东。

2) 第二部分，是由总干管负责供应的各立管的回水，包括立管⑳～立管㉔。我们先在⑥轴东侧，Ⓐ轴北侧，找到立管㉔。立管㉔接入干管，干管向东，向北，再向东。在靠近⑧轴时，有连接立管㉓的干管接入，一起向北。过Ⓑ轴有立管㉒接入，过Ⓒ轴有立管㉑接入。继续向北后，向西，接近⑦轴时，有立管⑳接入，一起向西，过⑥轴后，与第一部分的回水汇合，一起进入回水总干管，向南。所有干管的管径、坡度均在图纸中表示出来。

(4) 地下室中，共设置5个自动排气阀，分别设在系统中第一部分四个支路的端点和第二部分的端点，图中已标注出来，找到立管⑮、⑫、⑦、⑪、㉔时，便可看到。

(5) 散热器的位置均在立管附近，只要找到各个立管，便可了解散热器的位置，同时，在每组散热器处，已用文字标注出该组散热器的片数。例如：在②轴西侧，Ⓒ轴北侧，找到立管①，可以看到，从立管①向西引出支管，连接一组散热器，片数为9片。在②轴东侧，Ⓒ轴北侧，有立管②，但未从立管②上引出支管，接散热器，说明立管②在地下室中不连接散热器，在其他层中连接散热器，读者可参照立管图。

(6) 此外，还可看到立管①与立管②有一点不同，就是在立管①东侧还有一根回水立管。从立管图中可看到，立管①从三层屋顶干管引入后，分别将热水供给三层、二层、一层、地下室的四组散热器，地下室散热器散热后的回水，经回水立管后，回到地下室屋顶处的回水干管中。

(7) 其他各个管，可按上述方法，逐个阅读。

【例 3-2】 识读某学校三层教室的供暖系统图。

图 3-24 为某学校三层教室的供暖系统图，从图中可以看出：

（1）该系统属上供下回、单立管、同程式。

（2）供热总管从地沟引入，直径 $DN50$。

（3）水平干管 $DN40$，变为 $DN32$，再变为 $DN25$，$DN20$。

（4）两条回水管径渐变为 $DN20$，$DN25$，$DN32$，$DN40$，再合并为 $DN50$。

（5）左有 10 根立管，右有 9 根立管。

（6）双面连散热器时，立管管径 $DN20$，散热器横支管管径 $DN15$；单面连散热器时，立管管径、横支管管径均为 $DN15$。

（7）散热器片数，以立管①为例，一层 18 片，二层 14 片，三层 16 片，共 6 组散热器。

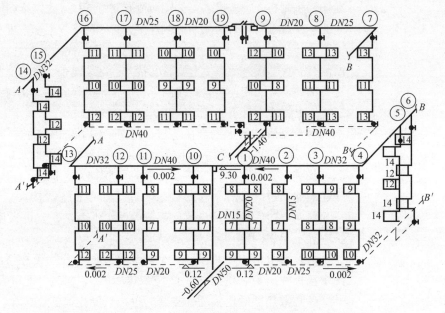

图 3-24　某学校三层教室的供暖系统图

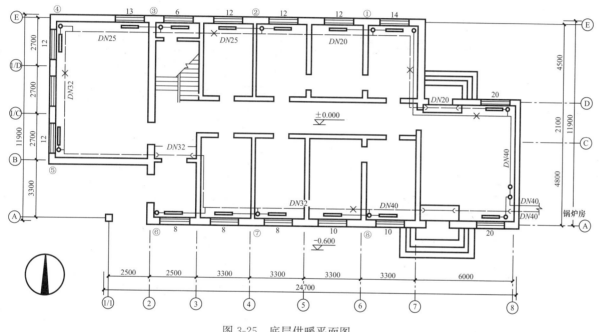

图 3-25 底层供暖平面图

【例 3-3】 识读某科研所办公楼供暖工程施工图。

图 3-25～图 3-28 为某科研所办公楼供暖工程施工图，从图中可以看出：

（1）它包括平面图（首层、二层和三层）和系统图。

（2）该工程的热媒为热水（70～95℃），由锅炉房通过室外架空管道集中供热。管道系统的布置方式采用上行下给单管同程式系统。

（3）供热干管敷设在顶层顶棚下，回水干管敷设在底层地面之上（跨门部分敷设在地下管沟内）。散热器采用四柱 813 型，均明装在窗台之下。

（4）供热干管从办公楼东南角标高 3.000m 处架空进入室内，然后向北通过控制阀门沿墙布置至轴线⑦和⑤的墙角处抬头，穿越楼层直通顶层顶棚下标高 10.20m 处，由竖直而折向水平，向西环绕外墙内侧布置，后折向南再折向东形成上行水平干管，然后通过各立管将热水供给各层房间的散热器。

（5）所有立管均设在各房间的外墙角处，通过支管与散热器相连

159

通，经散热器散热后的回水，由敷设在地面之上沿外墙布置的回水干管自办公楼底层东南角处排出室外，通过室外架空管道送回锅炉房。

（6）供暖平面图表达了首层、二层和三层散热器的布置状况及各组散热器的片数。三层平面图表示出供热干管与各立管的连接关系；二层平面图只画出立管、散热器以及它们之间的连接支管，说明并无干管通过；底层平面图表示了供热干管及回水管的进出口位置、回水干管的布置及其与各立管的连接。

（7）从供暖系统图可清晰地看到整个供暖系统的形式和管道连接的全貌，而且表达了管道系统各管段的直径，每段立管两端均设有控制阀门，立管与散热器为双侧连接，散热器连接支管一律采用 DN15（图中未标注）管子。供热干管和回水干管在进出口处各设有总控制阀门，供热干管末端设有集气罐，集气罐的排气管下端设一阀门，供热干管采用 0.003 的坡度抬头走，回水干管采用 0.003 坡度低头走。

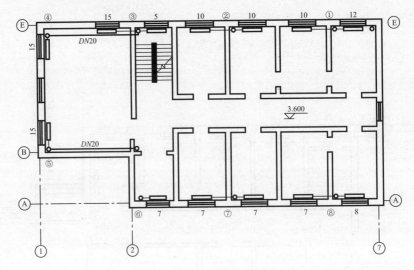

图 3-26　二层供暖平面图

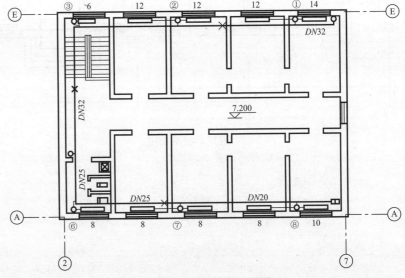

图 3-27　三层供暖平面图

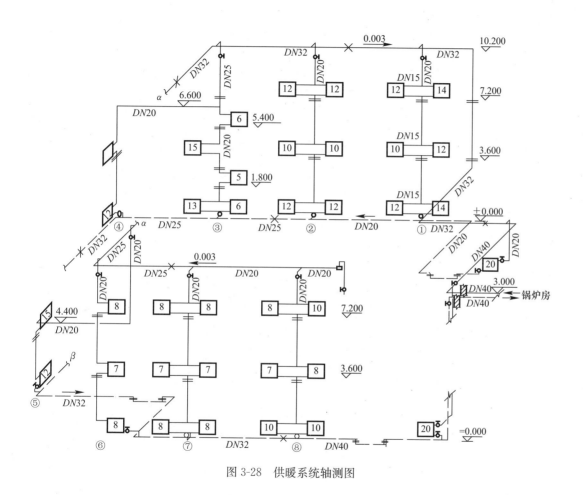

图 3-28　供暖系统轴测图

3.2　识读室外供热工程施工图

1. 室外供热管道的布置形式

室外供热管道布置有枝状和环状两种基本形式。

（1）枝状管网如图 3-29 所示。枝状管网布置形式管线较短、阀件少，因此造价较低，但缺乏供热的后备能力。一般工厂区、建筑小区和庭院多采用枝状管网。对于用汽量大而且任何时间都不允许间断供热的工业区或车间，可以采用复线枝状管网，用以提高供热的可靠性。

（2）环水管网如图 3-30 所示。环状管网的主干线为环状，而通信各用户的管网为枝状，因此，对于城市集中供热的大型热水供热管网，而且有两个以上热源时，可以采用环状管网，以提高供热的后备能力。但造价和钢材耗量都比枝状管网大得多。

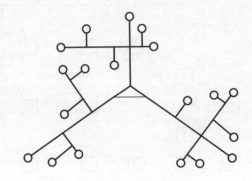

图 3-29　枝状管网

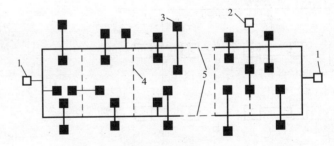

图 3-30　环状管网

1—热源；2—后备热源；3—热力点；4—热网后备旁通管；5—热源后备旁通管

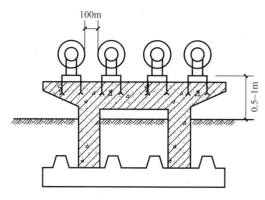

图 3-31 低支架示意图

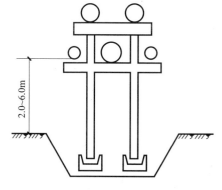

图 3-32 中、高支架示意图

2. 室外供热管道的敷设方式

（1）架空敷设

架空敷设是指供热管道敷设在地面上成附墙支架上的敷设方式。按支架的高度不同，可分为低支架、中支架、高支架三种架空敷设形式。

1）低支架。在不妨碍交通、不影响厂区扩建的场合，可采用低支架敷设。通常是沿着工厂的围墙或平行于公路或铁路敷设。为了避免雨雪的侵袭，供暖管道保温结构底距地面净高不得小于0.3m。低支架敷设可以节省大量土建材料，建设投资小，施工安装方便，维护管理容易，但其适用范围太窄。如图3-31所示。

2）中支架。在人行频繁和非机动车辆通行地段，可采用中支架敷设。管道保温结构底距地面净高为2.0～4.0m。

3）管道保温结构底距地面净高为4m以上，一般为4.0～6.0m。其在跨越公路、铁路或其他障碍物时采用高支架，如图3-32所示。

（2）地下敷设

1）地沟敷设。地沟敷设形式如下：

① 不通行地沟（图 3-33）。适于管径小、数量少时采用。地沟断面尺寸能满足施工安装要求即可，净高不超过 1m，沟宽一般不超过 1.5m。沟内管道或保温层外表面到沟壁表面距离为 100～150mm，到沟底距离为 100～200mm，到沟顶距离为 50～100mm；管道或保温层外表面间距为 100～150mm。因地沟断面尺寸较小，为便于操作起见，应在地沟底垫层作完后就安装管道，然后砌墙。只有管道水压试验合格，保温工程完毕，才能加盖顶板并覆土

② 半通行地沟（图 3-34）。在半通行管沟内，留有高度约 1.2～1.4m，宽度不小于 0.5m 的人行通道。操作人员可以在半通行管沟内检查管道和进行小型修理工作，但更换管道等大修工作仍需挖开地面进行。当无条件采用通行管沟时，可用半通行管沟代替，以利于管道维修和判断故障地点，缩小大修时的开挖范围

③ 通行地沟（图 3-35）。当管道数量多，需要经常检修，或与主要道路、公路和铁路交叉，不允许开挖路面时采用。地沟净高不小于 1.8m，通道宽 0.6～0.7m。管道到沟壁、底、顶的距离应不小于半通行地沟要求的距离。管道保温表面间的净距不小于 150mm。

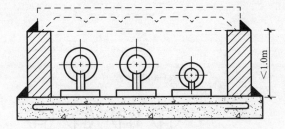

图 3-33 不通行地沟

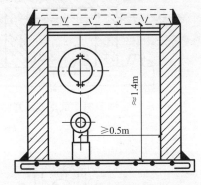

图 3-34 半通行地沟

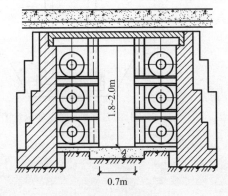

图 3-35 通行地沟

2）埋地敷设。埋地敷设是将供热管道直接埋设于土壤中的敷设方式。目前采用最多的结构型式为整体式预制保温管，即将供暖管道、保温层和保护外壳三者紧密地粘结在一起，形成一个整体，如图 3-36 所示。

预制保温管（也称为"管中管"）多采用硬质聚氨酯泡沫塑料作为保温材料。它是由多元醇和异氢酸盐两种液体混合发泡固化而形成的。硬质聚氨酯泡沫塑料的密度小，导热系数低，保温性能好，吸水性小，并具有足够的机械强度，但耐热温度不高。国内标准要求其密度为 $60 \sim 80 \mathrm{kg/m^3}$，导热系数 $\lambda < 0.027 \mathrm{W/(m \cdot ℃)}$，抗压强度 $P \geqslant 200 \mathrm{kPa}$，吸水性 $g \leqslant 0.3 \mathrm{kg/m^3}$，耐热温度不超过 $120℃$。

预制保温管的保护外壳多采用高密度聚乙烯硬质塑料管。根据国家标准要求，高密度聚乙烯外壳的密度 $\geqslant 940 \mathrm{kg/m^3}$，拉伸强度 $\geqslant 20 \mathrm{MPa}$，断裂伸长率 $\geqslant 350\%$。

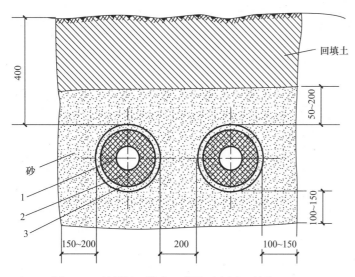

图 3-36　预制保温管直埋敷设示意图（单位：mm）
1—钢管；2—硬质聚氨酯泡沫塑料保温层；3—高密度聚乙烯保温外壳

【例 3-4】 识读某办公楼室外供暖管道平面图。

图 3-37 为某办公楼室外供暖管道平面图，从图中可以看出：

（1）该室外供暖管道的供热水管和回水管平行布置。

（2）管路从检查室 3 开始向右延伸至检查室 4，经检查室 4 向右经补偿器井 6，再转向检查室 5，继续向前。

（3）管道的平面布置从图上的坐标可看出具体位置。平面图上还可看到设计说明、固定支架、波纹管补偿器、从检查室引出支管经阀门通向供暖用户。

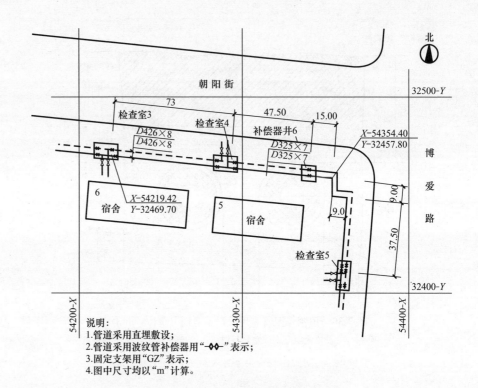

图 3-37　某办公楼室外供暖管道平面图

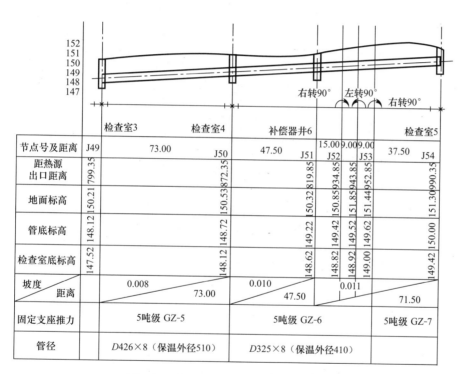

右转90°　左转90°　右转90°

	检查室3		检查室4	补偿器井6				检查室5
节点号及距离	J49	73.00	J50	47.50 J51	15.00 9.00 9.00	J52 J53	37.50	J54
距热源出口距离	799.35		872.35	819.85	834.85 843.85 852.85			990.35
地面标高	150.21		150.53	150.32	150.85 151.85 151.44			151.30
管底标高	148.12		148.72	149.22	149.42 149.52 149.62			150.00
检查室底标高	147.52		148.12	148.62	148.82 148.92 149.00			149.42
坡度 / 距离		0.008 / 73.00		0.010 / 47.50	0.011			71.50
固定支座推力	5吨级 GZ-5			5吨级 GZ-6			5吨级 GZ-7	
管径	D426×8（保温外径510）			D325×8（保温外径410）				

图 3-38　某办公楼室外供暖管道纵断面图

【例 3-5】　识读某办公楼室外供暖管道纵断面图。

图 3-38 为某办公楼室外供暖管道纵断面图，从图中可以看出：

（1）以检查室 3 为例，节点编号 J49，距热源出口距离为 799.35m，地面标高为 150.21m，管底标高为 148.12m，检查室底标高为 147.52m；其他检查室读法相同。

（2）到检查室 4 距离为 73m，管道坡度为 0.008，左低右高，管径为 426mm，壁厚为 8mm，保温外径为 510mm；其他管段读法相同。

（3）图上还标有固定支座推力、标高、坐标、管道转向和转角等内容。

4 某住宅小区设备工程施工图实例解析

图 4-1 为首层暖气平面图，从图中可以看出：

（1）暖气入口在南面左突窗处，两条平行管线中粗实线表示供水干管，粗虚线表示回水干管，两条管线的管径均为 DN40，柱高−1.830。

（2）入户后两根管线均抬头至−0.600，管径仍为 DN40。

（3）阅读管线的平面布置，沿干管和各支管分别找到管径和标高，以及管道附件如截门、固定支架等。

（4）本系统共有 11 组立管，每组立管有两根，一根是供水立管，一根是回水立管，用 L1、L2……表示。

（5）每组立管带一组或两组散热器，四柱散热器以片数表示，如北面四组是 12 片和 13 片两种。闭式散热器以长度表示。如 3D0.6 和 6D0.6，D 表示型号，0.6 表示散热器长是 0.6m，L9 号立管带光管散热器。

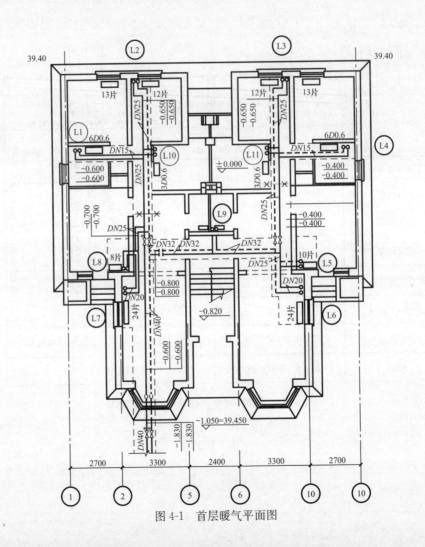

图 4-1 首层暖气平面图

168

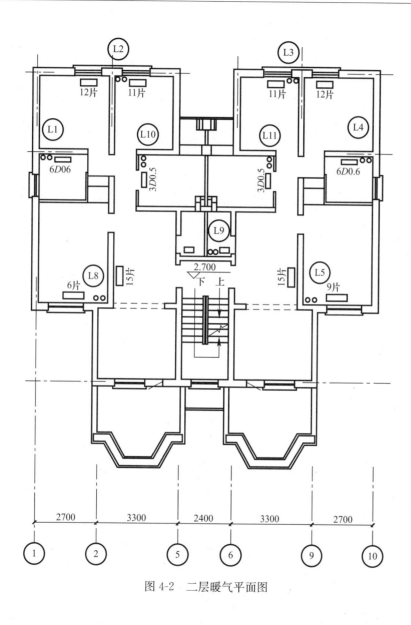

图 4-2 为二层暖气平面图，与首层平面图的不同之处如下：

（1）水平干管已在首层表示过了，二层平面图则没有水平干管。

（2）二层平面图没有 6、7 号两根立管。

（3）四柱散热器的片数和闭式散热器的长度与首层不同。

图 4-2　二层暖气平面图

图 4-3 为暖气立管图，从图中可以看出：

（1）本工程为双管供暖系统，供水立管用粗实线表示，下端接供水干管，回水立管用粗虚线表示，下端接回水干管，管径有 $DN15$、$DN20$。

（2）每组立管带一组或两组散热器，散热器上端接供水立管，下端接回水立管，9 号立管接光管散热器。

（3）散热器下皮距地面分别是 81mm、700mm、1200mm、2100mm。

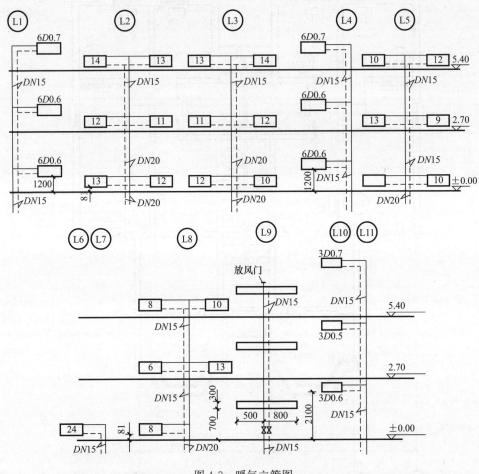

图 4-3　暖气立管图

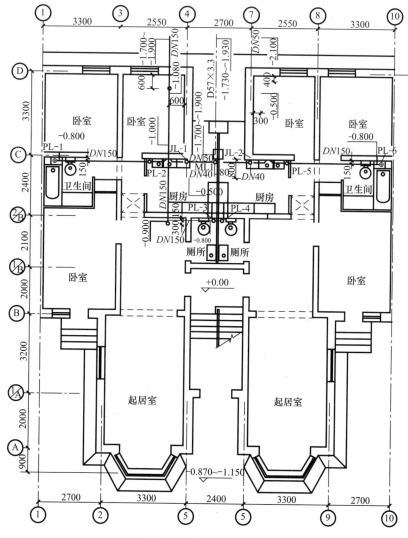

图 4-4 首层卫生平面图

图 4-4 为首层卫生平面图，从图中可以看出：

（1）室外干管由北墙面引入室内，管径 DN50，标高－2.100m。入户后距北墙里皮 400mm 处抬高到－0.500m，管线距⑦轴线墙里皮是 300mm。再沿水流方向经支管到立管 JL-1 和 JL-2，立管在平面图上用单线小圆表示。

（2）立管由双线小圆表示，西面卫生间厨房各楼层的污水经过水平支管排到立管 PL-1 和 PL-2；南面各层厕所的污水是经过水平支管排到立管 PL-3 和 PL-4；东面厨房、卫生间各层的污水经过水平支管排到立管 PL-5 和 PL-6。各立管的污水经过三路水平干管汇集于四通，再由总排出管排到室外。

（3）污水干管的管径是 DN150，引入管距④轴里墙皮 600mm，水平干管距ⓒ轴墙皮 150mm。

（4）各水平管线端部的标高是－0.800，沿水流方向－0.900、－1.000 排出口的标高是－1.700～1.900。

（5）煤气管线由北面引入，管径 D57×3.3（无缝钢管），标高是－1.730～－1.930，入户后接煤气立管 ML。

图 4-5 为给水立管图，从图中可以看出：

(1) JL-1 的管径有 DN32 和 DN25 两种，立管下端设有截门，距地面 300mm。

(2) 阅读三层各支管和用水设备的系统图（一、二层同三层）：水平支管起始设有截门和 φ15 的水表，沿水流方向经支管分两路供各厨房、卫生间的生活用水。

(3) 阅读各部位水平支管的标高和管径。

(4) 读系统图时应与卫生大样图对照阅读。

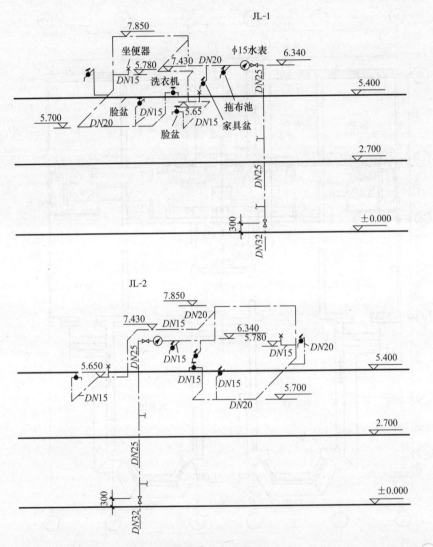

图 4-5 给水立管图

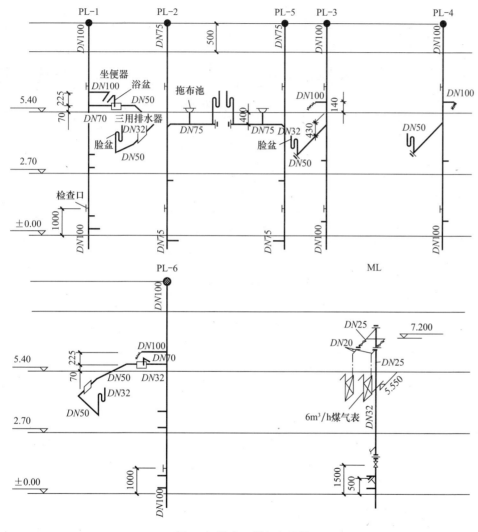

图 4-6　排水、煤气立管图

图 4-6 为排水、煤气立管图，从图中可以看出：

（1）阅读排水立管图

以 PL-1 为例。

1）排水立管的管径是 $DN100$，一、三层在距地面 1000mm 处设有检查口。

2）由设备开始阅读，有两路支管经三通流入立管，一路是脸盆和浴盆的污水，水平支管距地面 70，管径有 $DN50$ 和 $DN70$；另一路是坐便器的污水，水平支管距上路支管是 225，管径是 $DN100$。

（2）阅读煤气立管图

1）ML-1 的管径有 $DN32$ 和 $DN25$。

2）水平支管的管径是 $DN25$ 和 $DN20$，标高是 7.200（三层）。

3）支管下分两路，各路都配有截门、活接头和煤气表，三层煤气表下皮的标高是 5.550。

图 4-7 为卫生间大样图，从图中可以看出：

(1) 首先在大样图中找到 JL-1 和 JL-2。JL-1 向西。JL-2 向东沿水流方向经过支管到各用水设备，读图时应注意各管段的管径、管中心距、设备的定位尺寸，系统中附件、管线接头或低头的位置。如 JL-1 后面设有截门和水表，管径 DN20，拖布池和家具盆的尺寸是610 和 600，在墙角处抬头向西接图 (c)，低头向南到厕所的设备坐便器和洗脸盆的用水。

(2) 由用水设备开始，沿排水方向找到排水立管，如厕所脸盆和坐便器的污水经水平支管排到立管 PL-3 和 PL-4 接洗脸盆水平支管的管径是 DN50，接大便器支管的管径是DN100，给、排水二管的中心距是 70。

(3) 由煤气立管 ML 经水平支管向两个厨房送气到煤气灶，管径有 DN25、DN20、DN15。

(4) Ⅰ-Ⅰ剖面图：剖切位置见图 (a)，主要是表达门洞口上方散热器的安装方法和尺寸。

(5) Ⅱ-Ⅱ剖面图：剖切位置见图 (a)，表达的内容有煤气立管、支管、煤气表和煤气灶的连接关系和尺寸。

(6) Ⅲ-Ⅲ剖面图：剖切位置见图 (b)，剖面图的内容有给水立管、排水立管、供暖供水管和供暖回水管的排列位置；暖气的安装尺寸；坐便器的安装尺寸等。

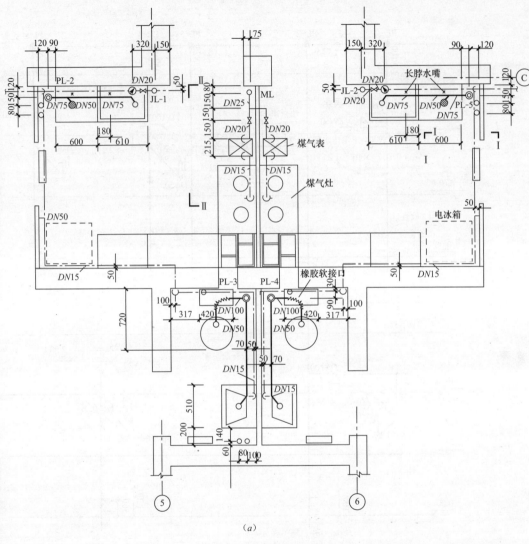

(a)

图 4-7　卫生间大样图（一）

(a) 卫生间大样图（一）

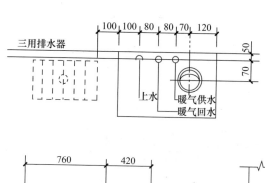

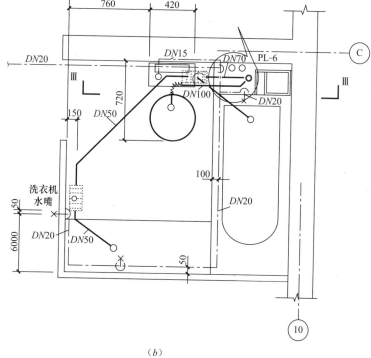

(b)

图 4-7 卫生间大样图（二）

(b) 卫生间大样图（二）

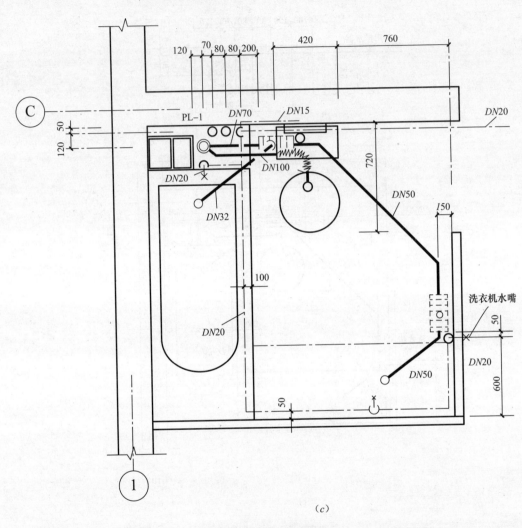

（c）

图 4-7　卫生间大样图（三）
（c）卫生间大样图（三）

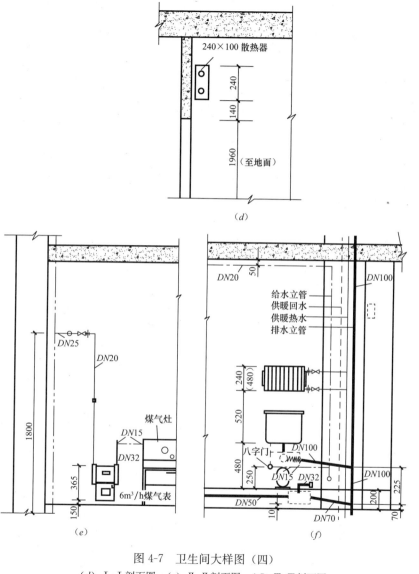

图 4-7 卫生间大样图（四）

(d) Ⅰ-Ⅰ剖面图；(e) Ⅱ-Ⅱ剖面图；(f) Ⅲ-Ⅲ剖面图

参考文献

[1] 中华人民共和国住房和城乡建设部. 房屋建筑制图统一标准 GB/T 50001—2010 [S]. 北京：中国计划出版社，2010.

[2] 中华人民共和国住房和城乡建设部. 总图制图标准 GB/T 50103—2010 [S]. 北京：中国计划出版社，2010.

[3] 中华人民共和国住房和城乡建设部. 建筑给水排水制图标准 GB/T 50106—2010 [S]. 北京：中国建筑工业出版社，2010.

[4] 中华人民共和国住房和城乡建设部. 暖通空调制图标准 GB/T 50114—2010 [S]. 北京：中国建筑工业出版社，2010.

[5] 郭超. 水暖工程快速识图技巧 [M]. 北京：化学工业出版社，2012.

[6] 曲云霞. 暖通空调施工图解读 [M]. 北京：中国建筑工业出版社，2009.

[7] 李联友. 建筑水暖工程识图与安装工艺 [M]. 北京：中国电力出版社，2006.

[8] 朴芬淑. 建筑给水排水施工图识读 [M]. 北京：机械工业出版社，2009.